高等职业教育新目录新专标电子与信息大类教材

# 私有云基础架构与运维

刘洪海　刘晓玲　主　编

贾　强　徐书海　李　超　副主编

U0178101

电子工业出版社
**Publishing House of Electronics Industry**
北京·BEIJING

## 内 容 简 介

本书较为全面地介绍了主流云计算平台 OpenStack 基础架构及组件的构建与运维，借助原生 OpenStack Q 版架构，使用开源脚本对平台部署形成完整流程。全书共分为认识云计算、OpenStack 中的认证服务运维、OpenStack 中的镜像服务运维、OpenStack 中的网络服务运维、OpenStack 中的计算服务运维、OpenStack 中的存储服务运维、OpenStack 的超融合等 7 个单元。

本书可以作为云计算技术应用专业、计算机网络技术专业及其他计算机相关专业的云计算课程教材，也可以作为云计算相关培训教材，还可以作为 1+X 证书"云计算平台运维与开发"的配套教材，也可以供云计算相关从业人员和广大计算机爱好者自学使用。

**图书在版编目（CIP）数据**

私有云基础架构与运维/刘洪海，刘晓玲主编. —北京：电子工业出版社，2023.11
ISBN 978-7-121-45366-3

Ⅰ. ①私… Ⅱ. ①刘… ②刘… Ⅲ. ①云计算—高等学校—教材 Ⅳ. ①TP393.027

中国国家版本馆 CIP 数据核字（2023）第 060994 号

责任编辑：魏建波
印　　刷：天津嘉恒印务有限公司
装　　订：天津嘉恒印务有限公司
出版发行：电子工业出版社
　　　　　北京市海淀区万寿路 173 信箱　邮编：100036
开　　本：787×1092　1/16　印张：13　字数：332.8 千字
版　　次：2023 年 11 月第 1 版
印　　次：2023 年 11 月第 1 次印刷
定　　价：42.00 元

凡所购买电子工业出版社图书有缺损问题，请向购买书店调换。若书店售缺，请与本社发行部联系，联系及邮购电话：(010) 88254888，88258888。

质量投诉请发邮件至 zlts@phei.com.cn，盗版侵权举报请发邮件至 dbqq@phei.com.cn。

本书咨询联系方式：(010) 88254609 或 hzh@phei.com.cn。

# 前　言

云计算是继互联网、计算机后在信息时代又一种新的革新，是信息时代的一个大飞跃，未来的时代可能是云计算的时代。虽然目前有关云计算的定义有很多，但总体来说，云计算的基本含义是一致的，即云计算具有很强的扩展性和需求性，可以为用户提供一种全新的体验。云计算的核心是可以将很多的计算机资源协调在一起，因此，用户通过网络就可以获取无限的资源，同时，获取的资源不受时间和空间的限制。

本书由院校教师和南京第五十五所技术开发有限公司、国基北盛（南京）科技发展有限公司、山东浪潮优派科技教育有限公司的云计算专家，共同设计与编写，全面地介绍了云计算虚拟化的概念和 OpenStack 各个组件的作用，对分散在不同文献中的理论和概念进行了整理和汇总，并结合实操案例，详细介绍了 OpenStack 的安装方法及各种服务的使用方式，为读者提供了 OpenStack 平台的使用指南与完整的服务运维方法。

## 1. 本书面向的读者

（1）高职院校或职教本科计算机或电子信息大类专业的学生。

（2）云计算领域的初级从业人员。

（3）对私有云与 OpenStack 有兴趣并有志从事该领域工作的人。

## 2. 本书的主要内容

单元 1 对云计算的起源以及虚拟化概念等做了介绍，并通过实操案例，介绍了 OpenStack 的安装及使用。

单元 2 对 Keystone 认证服务做了详细的介绍，并通过实操案例，介绍了 Keystone 服务的使用和运维。

单元 3 介绍了 Glance 镜像服务的概念以及基本架构，并通过实操案例，介绍了如何对镜像进行创建、修改等运维指令。

单元 4 对 OpenStack 网络组件和网络模式进行详细的介绍，并通过实操案例，介绍了如何创建三种不同的网络模式。

单元 5 介绍了 Nova 计算服务的具体架构，以及通过 Nova 命令创建实例类型和管理虚拟机的使用方式。

单元 6 对 OpenStack 的存储做了分类介绍，通过 Cinder 和 Swift 的实操案例，让读者对 OpenStack 的存储有更深刻的了解。

单元 7 对 OpenStack 超融合做了详细的介绍，通过实战案例让读者自己构建超融合并对接 OpenStack 各种服务。

　　本书由济南职业学院刘洪海、刘晓玲担任主编，贾强、徐书海、李超担任副主编。全书由刘洪海、刘晓玲拟定大纲、统稿和修改。具体分工为：单元 1、单元 5、单元 6、单元 7 由刘洪海、刘晓玲编写；单元 2、单元 3、单元 4 由贾强、徐书海、李超编写。济南职业学院赵光勤、徐胜南、高芹参与了部分单元实训任务的编写。

编者

# 目　　录

单元 1　认识云计算 ·················································································· 1
　　学习目标 ························································································· 1
　　1.1　初识云计算 ··············································································· 1
　　　　1.1.1　云计算的起源 ····································································· 1
　　　　1.1.2　虚拟化的概念 ····································································· 3
　　　　1.1.3　OpenStack 平台 ································································· 4
　　　　1.1.4　私有云现状 ········································································ 9
　　1.2　OpenStack 的安装与使用 ···························································· 19
　　归纳总结 ······················································································· 43
　　课后练习 ······················································································· 43
　　技能训练 ······················································································· 44

单元 2　OpenStack 中的认证服务运维 ························································· 45
　　学习目标 ······················································································· 45
　　2.1　Keystone 认证服务 ······································································ 45
　　　　2.1.1　OpenStack Keystone 简介 ···················································· 45
　　　　2.1.2　Keystone 的功能 ······························································· 45
　　2.2　Keystone 认证服务的使用和运维 ···················································· 48
　　归纳总结 ······················································································· 64
　　课后练习 ······················································································· 64
　　技能训练 ······················································································· 65

单元 3　OpenStack 中的镜像服务运维 ························································· 66
　　学习目标 ······················································································· 66
　　3.1　Glance 镜像服务 ········································································· 66
　　　　3.1.1　Glance 镜像服务介绍 ·························································· 66
　　　　3.1.2　Glance 重要概念 ······························································· 67
　　　　3.1.3　镜像缓存机制 ···································································· 69
　　　　3.1.4　镜像格式 ········································································· 69
　　3.2　Glance 镜像服务的使用和运维 ······················································ 70
　　归纳总结 ······················································································· 88
　　课后练习 ······················································································· 88

技能训练 ································································································· 88

单元 4　OpenStack 中的网络服务运维 ······················································ 89
学习目标 ································································································· 89
4.1　Neutron 服务 ················································································· 89
4.1.1　Neutron 服务介绍 ································································· 89
4.1.2　Neutron 主要组件 ································································· 90
4.1.3　Neutron 的几种网络模式 ······················································ 90
4.2　Neutron 网络服务的使用和运维 ························································· 92
归纳总结 ································································································ 112
课后练习 ································································································ 112
技能训练 ································································································ 112

单元 5　OpenStack 中的计算服务运维 ······················································ 113
学习目标 ································································································ 113
5.1　Nova 计算服务 ·············································································· 113
5.2　Nova 计算服务的使用和运维 ···························································· 115
归纳总结 ································································································ 133
课后练习 ································································································ 133
技能训练 ································································································ 134

单元 6　OpenStack 中的存储服务运维 ······················································ 135
学习目标 ································································································ 135
6.1　云平台中的存储服务 ······································································· 135
6.1.1　云平台存储服务之 Cinder ····················································· 135
6.1.2　OpenStack 的存储类型 ························································· 137
6.1.3　云平台存储服务之 Swift ······················································· 137
6.2　Cinder 块存储服务的使用和运维 ······················································ 138
6.3　Swift 对象存储服务的使用和运维 ····················································· 152
归纳总结 ································································································ 166
课后练习 ································································································ 166
技能训练 ································································································ 167

单元 7　OpenStack 的超融合 ································································· 168
学习目标 ································································································ 168
7.1　OpenStack 超融合 ·········································································· 168
7.2　OpenStack 超融合案例 ···································································· 170
归纳总结 ································································································ 200
课后练习 ································································································ 200
技能训练 ································································································ 201

# 单元 1　认识云计算

## 学习目标

　　通过本单元的学习，使读者能了解云计算的起源与发展，云计算的核心技术是什么，云计算现在的状况以及发展前景，同时了解当前国内私有云的现状以及私有云的挑战与机遇。通过实操案例，培养读者掌握安装 OpenStack 各个组件、部署 OpenStack 的技能，培养读者的动手实操和自主学习能力。

## 1.1　初识云计算

### 1.1.1　云计算的起源

私有云

#### 1. OpenStack 简介

　　OpenStack 是一个云平台管理的项目，它不是一个软件。这个项目由几个主要的组件组合起来完成一些具体的工作。OpenStack 是一个旨在为公共及私有云的建设与管理提供软件的开源项目。它的社区拥有超过 130 家企业及 1350 位开发者，这些机构与个人将 OpenStack 作为基础设施即服务资源的通用前端。OpenStack 项目的首要任务是简化云的部署过程，并为其带来良好的可扩展性。

　　OpenStack 能够帮助服务商和企业内部实现类似于 Amazon EC2 和 S3 的云基础架构服务（Infrastructure as a Service）。OpenStack 包含两个主要模块 Nova 和 Swift。前者是 NASA 开发的虚拟服务器部署和业务计算模块；后者是 Backpack 开发的分布式云存储模块，两者可以一起使用，也可以分开单独使用。OpenStack 是开源项目，除了有 Rackspace 和 NASA 的大力支持，还有包括 DeLL（戴尔）、Citrix（思杰）、Cisco（思科）、Canonical 这些重量级公司的贡献和支持，发展速度非常快，有取代另一个业界领先开源云台 Eucalyptus 的态势。

#### 2. 云计算是什么

　　云计算既是一种按需获取 IT 资源的交付模式，也是一种共享经济的商业模式。云计算通过专门的软件管理集中的 IT 资源，形成一个共享的资源池，用户按需从资源池中申请和消费资源。这意味着 IT 资源可以像商品一样流通，就像水、煤、电一样，取用方便，按需消费。不仅如此，云计算让用户不用关心底层细节，免去运维成本，专注于业务本身。

（1）根据服务类型可将云计算分类

● IaaS（Infrastructure as a Service）：基础设施即服务，如虚拟机、磁盘、网络等。

● PaaS（Platform as a Service）：平台设施即服务，如数据库、大数据等。

● SaaS（Software as a Service）：软件即服务，如 ERP 服务 Workday、Salesforce。

（2）根据部署模型可将云计算分类

● 公有云：服务于企业外部，如 AWS、Azure、Google Cloud、阿里云等。

● 私有云：服务于企业内部，如携程、京东等均有内部的云平台。

● 混合云：公有云和私有云的混合版。

### 3. 目前主流的云平台

（1）私有云平台

私有云平台为开发、运行和访问云服务提供平台环境。私有云平台提供编程工具帮助开发人员快速开发云服务，提供可有效利用云硬件的运行环境来运行云服务，提供丰富多彩的云端来访问云服务。

（2）私有云服务

私有云服务提供了以资源和计算能力为主的云服务，包括硬件虚拟化、集中管理、弹性资源调度等。

（3）私有云管理平台

私有云管理平台负责私有云计算各种服务的运营，并对各类资源进行集中管理。

### 4. 典型的私有云平台

（1）3A Cloud

3A Cloud 是私有云平台，包含软件开发、思维导图、企业建模、项目计划以及其他常用工具。对不同的用户，3A Cloud 有不同的用途：①开发人员使用 3A 软件开发作为应用系统开发工具；②业务人员使用 3A 应用系统作为日常运营管理工具；③思想者使用 3A 思维导图作为思维管理和创造工具；④管理者使用 3A 企业建模作为业务流程的梳理工具。

（2）OATOS

OATOS 私有云提供基于 OATOS 企业网盘的服务器端解决方案，按需定制，轻松部署，完全私有化，支持 Windows 和 Linux 服务器部署。

OATOS 集成企业网盘、即时通信、云视频会议等核心云应用模块，支持跨平台、多终端、随时随地访问企业网盘，进行即时的沟通与交流；移动端参会，随时随地移动办公；文件云端存储，自动同步；历史版本管理，文件永不丢失；多项权限管控，确保信息安全，严防信息泄露；全球首创本地无缝交互功能。OATOS 支持 Windows 域登录。

（3）Eucalyptus

Eucalyptus（Elastic Utility Computing Architecture for Linking Your Programs to Useful Systems）是一种开源的软件基础结构，用来通过计算集群或工作站群实现弹性的、实用的云计算。它最初是美国加利福尼亚大学圣塔芭芭拉市计算机科学学院的一个研究项目，现在已经商业化，发展成为了 Eucalyptus Systems Inc。不过，Eucalyptus 仍然按开源项目那样维护和开发。Eucalyptus Systems 还在基于开源的 Eucalyptus 构建额外的产品，还提供支持服务。

（4）OpenStack

OpenStack 是一个由 NASA（美国国家航空航天局）和 Rackspace 合作研发并发起的，以 Apache 许可证授权的自由软件和开放源代码项目。

OpenStack 是一个开源的云计算管理平台项目，由几个主要的组件组合起来完成具体工作。OpenStack 支持几乎所有类型的云环境，项目目标是提供实施简单、可大规模扩展、丰富且标准统一的云计算管理平台。OpenStack 通过各种互补的服务提供了基础设施即服务（IaaS）的解决方案，每个服务提供 API 以进行集成。

OpenStack 是云计算平台中的佼佼者。在云计算平台研发方面，国外的有 IBM、Microsoft（微软）、Google（谷歌）以及 OpenStack 的鼻祖——亚马逊的 AWS 等，国内的则有 Ucloud、海云捷迅、UnitedStack、EasyStack、金山云、阿里云等。OpenStack 社区聚集着一批有实力的厂商和研发公司，它们把自己的代码贡献给社区，不断完善和推动 OpenStack 技术的发展。因此，OpenStack 在市场中占据了绝对份额。由工信部电子一所指导，计世资讯（CCW Research）发布的《2017—2018 年度中国私有云市场现状与发展趋势研究报告》显示，在中国市场，OpenStack 占据了私有云市场超过 70%的份额。

## 1.1.2 虚拟化的概念

### 1. 什么是虚拟化

认识 Ansible

虚拟化，是指通过虚拟化技术将一台计算机虚拟为多台逻辑计算机。在一台计算机上同时运行多个逻辑计算机，每个逻辑计算机可运行不同的操作系统，并且应用程序都可以在相互独立的空间内运行而互不影响，从而显著提高计算机的工作效率。虚拟化使用软件的方法重新定义和划分了 IT 资源，实现了 IT 资源的动态分配、灵活调度、跨域共享，提高 IT 资源利用率，使 IT 资源能够真正成为社会基础设施，服务于各行各业中灵活多变的应用需求。

在计算机中，虚拟化（Virtualization）技术是将计算机中的各种实体资源，如服务器、网络、内存及存储等，予以抽象、转换后呈现出来，打破实体结构间不可切割的障碍，使用户可以用比原本的组态更好的方式来应用这些资源。这些资源的新虚拟部分不受现有资源的架设方式、地域或物理组态所限制。一般所指的虚拟化资源包括计算能力和资料存储。在实际的生产环境中，虚拟化技术主要用来解决高性能的物理硬件产能过剩和旧的硬件产能过低的重组重用问题，通过透明化底层物理硬件，从而最大化地利用物理硬件。

### 2. 虚拟化的定义

虚拟化是一个广义的术语，是指计算元件在虚拟的基础上而不是真实的基础上运行，是一个为了简化管理、优化资源的解决方案。如同空旷、通透的写字楼，整个楼层没有固定的墙壁，用户可以用同样的成本构建出更加自主适用的办公空间，进而节省成本，最大限度地提高空间的利用率。这种把有限的固定的资源根据不同需求进行重新规划以达到最大利用率的思路，在 IT 领域就叫作虚拟化技术。

虚拟化技术与多任务以及超线程技术是完全不同的。多任务是指在一个操作系统中多个程序同时运行，而在虚拟化技术中，则可以同时运行多个操作系统，而且每一个操作系统中都有多个程序在运行，每一个操作系统都运行在一个虚拟的 CPU 或者是虚拟主机上；而超线程技术只是单 CPU 模拟双 CPU 来平衡程序运行性能，这两个模拟出来的 CPU 是不能分离的，只能协同工作。

虚拟化技术是一套解决方案，完整的情况需要 CPU、主板芯片组、BIOS 和软件的支持，例如，VMM（Virtual Machine Monitor，虚拟机监视器）软件或者某些操作系统本身。即使只是 CPU 支持虚拟化技术，在配合 VMM 软件的情况下，也会比完全不支持虚拟化技术的系统有更好的性能。两大 X86 架构的 CPU 生产厂商均发布了其虚拟化技术：Intel VT 和 AMD VT。

### 3. 云计算与虚拟化的关系

虚拟化是云计算的重要支撑技术。云计算是基于互联网的相关服务，通常通过互联网来提供动态易扩展且经常是虚拟化的资源。通过虚拟化，云计算可以将应用程序和数据在不同层次以不同的方式展现给客户，为云计算的使用者和开发者提供便利。云计算的虚拟化过程为组织带来了灵活性，从而改善 IT 运维和减少成本支出。

云计算使计算分布在大量的分布式计算机上，而非本地计算机或远程服务器中，企业数据中心的运行将与互联网更相似。这使得企业能够将资源切换到需要的应用上，根据需求访问计算机和存储系统。对于云计算来说，虚拟化是必不可少的。

云计算将计算当作公共资源，而非具体的产品和技术。早在 20 世纪 70 年代，大型计算机就一直在同时运行多个操作系统实例，每个实例也彼此独立。不过直到现在，软硬件方面的进步使得虚拟化技术有可能出现在基于行业标准的大众化 X86 服务器上。

在云计算环境下，软件技术、架构将发生显著变化。一是所开发的软件必须与云相适应，能够与以虚拟化为核心的云平台有机结合，适应运算能力、存储能力的动态变化；二是要能够满足大量用户的使用需求，包括数据存储结构、处理能力；三是要互联网化，基于互联网提供软件的应用；四是安全性要求更高，可以抗攻击，并能保护私有信息；五是可工作于移动终端、手机、网络计算机等各种环境。

此外，在云计算环境下，由于软件开发工作的变化，也会对软件测试带来影响和变化。云计算将各种 IT 资源以服务的方式通过互联网交付给用户。不过，虚拟化本身并不能给用户提供自服务层。

有专家认为，云计算模式可以让终端自行为自己提供服务器和应用程序，甚至是虚拟化资源，而对于企业来说，大量的计算资源消耗也使得系统管理员倾向于提供虚拟机。

总之，虚拟化和云计算并不是相互捆绑的技术，而是可以优势互补、为用户提供更优质的服务的技术。在云计算的部署方案中，虚拟化技术可以使其 IT 资源应用更加灵活。而在虚拟化的应用过程中，云计算也提供了按需所取的资源和服务。在一些特定场景中，云计算和虚拟化无法剥离，只有相互搭配才能更好地解决用户的需求。

## 1.1.3 OpenStack 平台

OpenStack 是一个面向 IaaS 层的开源项目，用于实现公有云和私有云的部署及管理。OpenStack 拥有众多大公司的行业背书和数以千计的社区成员，被看作是云计算的未来。目前，OS 基金会里已有 500 多家企业赞助商，遍布世界 170 多个国家，其中不乏 HP、Cisco、DeLL、IBM 等重量级公司，值得一提的是 Google 也在 2015 年加入了基金会。

### 1. OpenStack 项目起源

认识 OpenStack

（1）项目起源

Rackspace（一家美国的云计算厂商）和 NASA（美国国家航空航天局）在 2010 年共同发起了 OpenStack 项目。

那时候，Rackspace 是美国第二大云计算厂商，但规模仅为亚马逊的 5%。只依靠内部的力量来超越或者追赶亚马逊不大可能，这家公司索性就把自己的项目开源了，也就是后来的 OpenStack 的存储源码（Swift）。

与此同时，NASA 也对自己使用的 Eucalyptus 云计算管理平台很不满意。Eucalyptus 有两个版本，即开源版本和收费版本。NASA 想给 Eucalyptus 开源版本贡献 patch，结果 Eucalyptus 不接受，估计是开源版本的功能和收费版本的功能重叠了。当时 NASA 的 6 个开发人员，用了一个星期的时间利用 Python 做出来一套原型，结果虚拟机在这上面运行得很成功，这就是 Nova（计算源码）的起源。

NASA 和 Raskspace 合作密切，于是 NASA 贡献出了 Nova，Raskspace 贡献出了 Swift，在 2010 年的 7 月发起了 OpenStack 项目。

（2）OpenStack 架构

截至 Grizzly 版本，OpenStack 包含 7 个核心项目：Compute（Nova）、Networking（Neutron/Quantum）、Identity Management（Keystone）、Object Storage（Swift）、Block Storage（Cinder）、Image Service（Glance）、User Interface Dashboard（Horizon）。

如图 1-1 所示为 OpenStack 架构图。其中有三个最核心的架构服务单元，分别是计算基础架构 Nova、存储基础架构 Swift 和镜像服务 Glance。

OpenStack
系统架构

Nova 是 OpenStack 云计算架构控制器，管理 OpenStack 云里的计算资源、网络、授权、和扩展需求。Nova 不能提供本身的虚拟化功能，相反，它使用 Libvirt 的 API 来支持虚拟机管理程序交互，并通过 Web 服务接口开放它的所有功能并兼容亚马逊 Web 服务的 EC2 接口。

Swift 为 OpenStack 提供分布式、最终一致的虚拟对象存储。通过分布式节点，Swift 有能力存储数十亿计的对象。Swift 具有内置冗余、容错管理、存档、流媒体等功能，并且高度扩展，不论大小（多个 PB 级别）和能力（对象的数量）。

Glance 镜像服务是负责查找和检索虚拟机的镜像系统。

三个元素将会与系统中的所有组件进行交互。Horizon 是图形用户界面，管理员可以很容易地使用它来管理所有项目。Keystone 用于处理授权用户的管理，Neutron 用于定义组件之间连接的网络。

Nova 被认为是 OpenStack 的核心，负责处理工作负载的流程。它的计算实例通常需要进行某种形式的持久存储，它可以是基于块的（Cinder）或基于对象的（Swift）。Nova 还需要一个镜像来启动实例。Glance 将会处理这个请求，它可以有选择地使用 Swift 作为其存储后端。

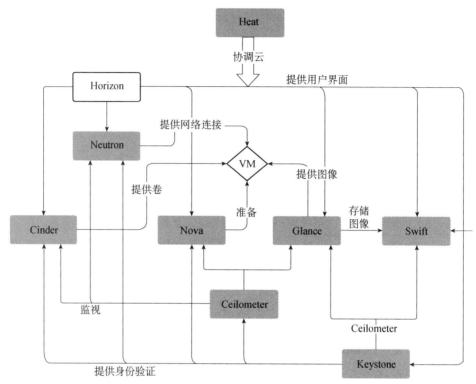

图 1-1 OpenStack 架构图

OpenStack 架构一直努力使每个项目尽可能地独立,这使得用户可以选择只部署一个功能子集,并将它与提供类似或互补功能的其他系统和技术相集成。然而,这种独立性不应掩盖这样一个事实:全功能的私有云很可能需要使用几乎所有功能才可以正常运作,而且各元素需要被紧密地集成。

传统的软件生态模式是用户和开发者之间隔着销售、产品经理等角色,而 OpenStack 等开源的模式打破了这样一种模式,OS 只提供底层的框架,剩余一切都围绕着用户,用户可参与从设计、编码、测试到运维的各种阶段。而这样的模式的生命力是最强的。

(3)OpenStack 项目演变

如图 1-2 所示为 OpenStack 包含的 12 个核心项目的演变示意图。

① Austin:第一个发布的 OpenStack 项目,其中包括 Swift 对象存储和 Nova 计算模块,有一个简单的控制台,允许用户通过 Web 管理计算和存储。

② Bexar:增加了 Glance 项目,负责镜像注册和分发。Swift 中增加了大文件的支持和 S3 接口的中间件,在 Nova 中增加 RAW 磁盘格式的支持等。

③ Cactus:在 Nova 中增加了虚拟化技术的支持,包括 LXC、VMware、ESX,同时支持动态迁移虚拟机。

④ Diablo:Nova 整合 Keystone 认证,支持 KVM 的暂停和恢复,以及 KVM 的迁移、全局的防火墙。

⑤ Essex:正式发布 Horizon,支持第三方的插件扩展 Web 控制台,发布 Keystone 项目,提供认证服务。

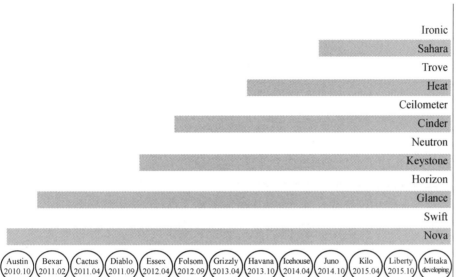

图 1-2　OpenStack 项目演变

⑥ Folsom：正式发布 Quantum（Neutron 的前身）项目，提供网络服务；正式发布 Cinder 项目，提供块存储服务。Nova 支持 LVM 为后端的虚拟机，支持动态和块迁移等。

⑦ Grizzly：Nova 支持分布在不同地理位置的集群组成一个 Cell，支持通过 Libguestfs 直接向 Guest 文件系统中添加文件；通过 Glance 提供的 Image 位置 URL 直接获取 Image 内容以加速启动；支持无 Image 条件下启动带块设备的实例；支持为虚拟机实例设置（CPU、磁盘 I/O、网络带宽）配额。

⑧ Havana：正式发布 Ceilometer 项目，进行（内部）数据统计，可用于监控报警；正式发布 Heat 项目，让应用开发者通过模板定义基础架构并自动部署；将网络服务 Quantum 变更为 Neutron；Nova 支持在使用 Cell 时同一 Cell 中虚拟机的动态迁移；支持采用 Docker 管理的容器；使用 Cinder 卷时支持加密；Neutron 引入一种新的边界网络防火墙服务；可通过 VPN 服务插件支持 IPSec VPN；Cinder 支持直接使用裸盘做存储设备，无须再创建 LVM。

⑨ Icehouse：新项目 Trove（DB as a Service），现在已经成为版本中的组成部分，它允许用户在 OpenStack 环境中管理关系数据库服务；对象存储（Swift）项目有比较大的更新，包括可发现性的引入和一个全新的复制过程（称为 S-Sync）；联合身份验证将允许用户通过相同认证信息同时访问 OpenStack 私有云与公有云。

⑩ Juno：提出 NFV 网络虚拟化概念；新增 Sahara 项目，实现用户大数据的集群部署；新增 LDAP 可集成 Keystone 认证。

⑪ Kilo：Horizon 支持向导式创建虚拟机；Nova 部分标准化了 Conductor、Computer 与 Scheduler 的接口，为之后的接口分离做好准备；Glance 增加自动镜像转化格式功能。

⑫ Liberty：Neutron 增加管理安全和带宽，更方便向 IPv6 迁移，LBaaS 已经成为生产化工具；Glance 基于镜像签名和校验，提升安全性；Swift 提高基本性能和可运维功能；Keystone 增加混合云的认证管理；引入容器管理的 Magnum 项目，通过与 OpenStack 现有的组件如 Nova、Ironic 与 Neutron 的绑定，Magnum 让容器技术的采用变得更加容易。

2. KVM 虚拟化

（1）虚拟化 KVM 的发展

2006 年 10 月，由以色列的 Qumranet 组织开发了一种新的"虚拟机"方案，并将其贡献给开源世界。

2007 年 2 月，Linux Kernel-2.6.20 中第一次包含了 KVM。

2008 年 9 月，红帽收购了 Qumranet，由此入手了 KVM 的虚拟化技术。2006 年，红帽决定将 Xen 加入到自己的默认特性当中，因为当时 Xen 技术脱离了内核的维护方式。也许是因为采用 Xen 的 RHEL 在企业级虚拟化方面没有赢得太多的市场，也许是因为思杰跟微软走得太近了，种种原因导致其萌生了放弃 Xen 的想法。而且在正式采用 KVM 一年后，红帽就宣布在新的产品线中彻底放弃 Xen，集中资源和精力进行 KVM 的研发工作。

2009 年 9 月，红帽发布其企业级 Linux 的 5.4 版本（RHEL5.4），这个版本在原先的 Xen 虚拟化机制之上将 KVM 添加了进来。

2010 年 11 月，红帽发布其企业级 Linux 的 6.0 版本（RHEL6.0），这个版本将默认安装的 Xen 虚拟化机制彻底去除，仅提供 KVM 虚拟化机制。

2011 年年初，红帽的老搭档 IBM 找上红帽，表示 KVM 值得加大力度去做。于是到了 5 月，IBM 和红帽联合惠普与英特尔一起，成立了开放虚拟化联盟（Open Virtualization Alliance），一起声明要提升 KVM 的形象，加速 KVM 投入市场的速度，由此避免 VMware 一家独大的情况出现。联盟成立之时，人们都希望除 VMware 之外还有一种开源选择。未来的云基础设施一定会基于开源。

自 Linux 2.6.20 之后 KVM 逐步取代 Xen 并被集成在 Linux 的各个主要发行版本中，使用 Linux 自身的调度器进行管理。

（2）基于内核的虚拟机

KVM 是一个开源软件，它基于内核的虚拟化技术，实际上是嵌入系统的一个虚拟化模块，通过优化内核来使用虚拟化技术，该内核模块使得 Linux 变成了一个 Hypervisor，虚拟机使用 Linux 自身的调度器进行管理。

KVM 是基于虚拟化扩展的（Intel VT 或者 AMD-V）、X86 硬件的、开源 Linux 原生的全虚拟化解决方案。在 KVM 中，虚拟机被实现为常规的 Linux 进程，由标准 Linux 调度程序进行调度；虚拟机的每个虚拟 CPU 被实现为一个常规的 Linux 进程。这使得 KMV 能够使用 Linux 内核的已有功能。但是，KVM 本身不执行任何硬件模拟，需要客户空间程序通过/dev/kvm 接口设置一个客户机虚拟服务器的地址空间，向它提供模拟的 I/O，并将它的视频显示映射回宿主的显示屏。目前这个应用程序是 QEMU。

（3）KVM 架构

接下来，介绍 KVM 的具体架构。根据虚拟机的基本架构来区分，虚拟机一般分为两种，我们称为类型一和类型二。

"类型一"虚拟机在系统加电之后首先加载运行虚拟机监控程序，而传统的操作系统则运行在其创建的虚拟机中。类型一的虚拟机监控程序，从某种意义上说，可以视为一个特别为虚拟机而优化裁剪的操作系统内核。因为，虚拟机监控程序作为运行在底层的软件层，必须实现诸如系统的初始化、物理资源的管理等操作系统的职能；它对虚拟机的创建、调度和管理，与操作系统对进程的创建、调度和管理有共同之处。这一类型的虚拟机监控程序一般会提供一个具有一定特权的特殊虚拟机，由这个特殊虚拟机来运行需要提供给用户日常操作和管理使用的操作系统环境。著名的开源虚拟化软件 Xen、商业软件 VMware ESX/ESXi 和微软的 Hyper-V 就是"类型一"虚拟机的代表。

与"类型一"虚拟机的方式不同，"类型二"虚拟机监控程序，在系统加电之后仍然运行一般意义上的操作系统（也就是俗称的宿主机操作系统）。虚拟机监控程序作为特殊的应用程序，可以视作操作系统功能的扩展。对于"类型二"虚拟机来说，其最大的优势在于可以充分利用现有的操作系统。因为虚拟机监控程序通常不必自己实现物理资源的管理和调度算法，所以实现起来比较简洁。但是，这一类型的虚拟机监控程序既然依赖操作系统来实现管理和调度，就同样会受到宿主操作系统的一些限制。本书的主角 KVM 就属于"类型二"虚拟机，另外，VMware Workstation、VirtualBox 也属于"类型二"虚拟机。

了解了基本的虚拟机架构之后，再来看一下如图 1-3 所示的 KVM 基本架构。显而易见，KVM 是一个基于宿主操作系统的"类型二"虚拟机。在这里，可以再一次看到实用至上的 Linux 设计哲学，既然"类型二"虚拟机监控程序是最简洁和容易实现的虚拟机监控程序，那么通过内核模块的形式加以实现即可。其他部分可以尽可能地充分利用 Linux 内核的既有实现，最大限度地重用代码。

如图 1-3 所示，左侧是一个标准的 Linux 操作系统，可以是 RHEL、Fedora 或 Ubuntu 等。KVM 内核模块在运行时按需加载进入内核空间运行。

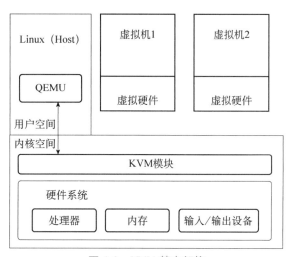

图 1-3　KVM 基本架构

## 1.1.4　私有云现状

### 1. Linux 操作系统简介

Linux 操作系统是由世界各地的程序员设计和开发的开放源代码程序，可自由传播的类 UNIX 操作系统。当初开发 Linux 操作系统的目的就是建立不受任何商业化版权制约、全世界都能使用的类 UNIX 的操作系统兼容产品。

Linux 主要被用于服务器端、嵌入式开发领域和个人 PC 领域。其中，服务器端更是重中之重。Linux 操作系统之所以如此流行，是因为它具有以下一些特性：

（1）Linux 是开放源代码的程序软件，可自由修改。

（2）与 UNIX 系统兼容，具有 UNIX 的优秀特性。

（3）可自由传播，无任何商业版权限制。

（4）适合 Intel 等 X86 CPU 系列架构的计算机。

### 2. Linux 操作系统特点

Linux 操作系统的特点如下。

（1）开放性

Linux 操作系统遵循世界标准规范，特别是遵循开放系统互连 OSI 国际标准。凡遵循国际标准所开发的硬件和软件，都能彼此兼容，可方便地实现互连。另外，源代码开放的 Linux 是免费的，使得 Linux 的获取非常方便，而且使用 Linux 可节约费用。Linux 开放源代码，使用者能控制源代码，按照需要对部件混合搭配，建立自定义扩展。

（2）多用户

Linux 操作系统资源可以被不同用户各自拥有、使用，即每个用户对自己的资源（如文件、设备）有特定的权限，互不影响。Linux 和 UNIX 都具有多用户的特性。

（3）多任务

多任务是现代计算机最主要的一个特点，是指计算机同时执行多个程序，而且各个程序的运行相互独立。Linux 操作系统调度每一个进程，平等地访问微处理器。

（4）出色的速度性能

Linux 可以连续运行数月、数年而无须重新启动。Linux 不大在意 CPU 的速度，它可以把处理器的性能发挥到极限，用户会发现，影响系统性能提高的限制性因素主要是其总线和磁盘 I/O 的性能。

（5）良好的用户界面

Linux 系统向用户提供三种界面，即用户命令界面、系统调用界面和图形用户界面。

（6）丰富的网络功能

Linux 是在 Internet 基础上产生并发展起来的，因此，完善的内置网络是 Linux 的一大特点。Linux 在通信和网络功能方面优于其他操作系统。

（7）可靠的系统安全

Linux 采取了许多安全技术措施，包括对读/写进行权限控制、带保护的子系统、审计跟踪、核心授权等，这为网络多用户环境中的用户提供了必要的安全保障。

（8）良好的可移植性

可移植性是指将操作系统从一个平台转移到另一个平台后仍然能按其自身运行方式运行的能力。Linux 是一种可移植的操作系统，能够在从微型计算机到大型计算机的任何环境中和任何平台上运行。可移植性为运行 Linux 的不同计算机平台与其他任何机器进行准确而有效的通信提供了手段，不需要另外增加特殊和昂贵的通信接口。

（9）具有标准兼容性

Linux 是一个与可移植性操作系统接口 POSIX 兼容的操作系统，它所构成的子系统支持所有相关的 ANSI、ISO、IETF 和 W3C 业界标准。Linux 也符合 X/Open 标准，具有完全自由的 X Windows 实现。虽然 Linux 在对工业标准的支持上做得非常好，但是由于各 Linux 发布厂商都能自由获取和接触 Linux 的源代码，所以各厂商发布的 Linux 仍然存在细微的差别，其差别主要存在于所捆绑应用软件的版本、安装工具的版本和各种系统文件所处的目录结构等。

### 3. CentOS 操作系统

CentOS 操作系统（CentOS 是 Community Enterprise Operating System 的缩写）是一个基于 Red Hat Linux 提供的可自由使用源代码的企业级 Linux 发行版本。每个版本的 CentOS 都会获得 10 年的支持（通过安全更新方式）。新版本的 CentOS 大约每两年发行一次，而每个版本的 CentOS 会定期（大概每六个月）更新一次，以便支持新的硬件，这样，就建立了一个安全的、维护成本低的、稳定的、具有高预测性和高重复性的 Linux 环境。

CentOS 是 RHEL（Red Hat Enterprise Linux）源代码再编译的产物，而且在 RHEL 的基础上修正了不少已知的 Bug。相对于其他 Linux 发行版，其稳定性值得信赖。另外，由于 Fedora Core 计划也归根于 Red Hat 系，所以在绝大多数情况下，使用 Fedora Core 来完成的服务器的构建和维护工作，同样也能够通过各种 CentOS 方面相关的技巧、方法来完成。但相对于稳定性来说，Fedora Core 更侧重于最新技术，更面向于桌面应用以及开发测试，这也导致 Fedora Core 的稳定性被放在了次要的位置。

RHEL 一直都在发行源代码，CentOS 就是将 RHEL 发行的源代码重新编译一次，形成一个可使用的二进制版本。由于 Linux 的源代码是 GNU，所以从获得 RHEL 的源代码到编译成新的二进制文件，都是合法的。

所以，CentOS 可以得到 RHEL 的所有功能，甚至有更好的体验，但 CentOS 并不向用户提供商业支持，当然也不用负任何商业责任。

如果是单纯的业务型企业，建议选购 RHEL 软件并购买相关服务。这样可以节省企业的 IT 管理费用，并可得到专业服务。

### 4. 国内外私有云生态

（1）云计算行业市场规模

全球科技角力日趋激烈，云计算作为产业实现数字化转型、智能化升级的技术底座而备受各国重视。如图 1-4 所示，2018 年以 IaaS、PaaS 和 SaaS 为代表的全球公有云市场规模达到 1363 亿美元，增速为 23.01%，未来几年市场平均增长率在 20% 左右，2022 年市场规模超过 2700 亿美元。从细分市场来看，IaaS 市场扩张最快且保持快速发展势头，2018 年规模达 325 亿美元，增速为 28.5%，预计未来几年市场平均增长率将超过 26%；PaaS 市场规模落后但增长稳定，2018 年规模达 167 亿美元，增速为 22.8%，预计未来几年复合增长率将维持在 20% 以上；SaaS 市场占比最高但增速减缓，2018 年规模达 871 亿美元，增速为 21.1%，2022 年降低至 13% 左右。

（2）OpenStack 项目调研

2015 年 10 月，OpenStack 社区发布 OpenStack 用户报告（OpenStack User Survey），这份报告主要反映用户对 OpenStack 项目的使用状态和反馈的情况。报告显示 OpenStack 的技术日益成熟，目前接受调查的用户所使用的技术有 60% 部署在生产环境中。

根据调研的行业统计，部署 OpenStack 的行业分布情况如下，信息技术、学术/研究、

图 1-4  全球公有云市场规模及增速

电信通信占据前 3 位，其中信息技术行业中超过 58%的组织已经部署了 OpenStack，其中接近一半的组织将其用于产品生产系统，如图 1-5 所示。

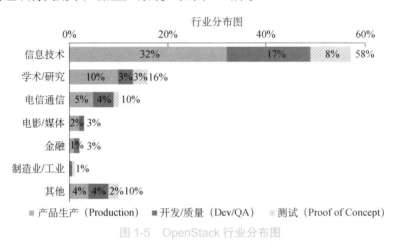

图 1-5  OpenStack 行业分布图

OpenStack 未来在新兴技术方面，包括在容器、网络功能虚拟化（NFV）、平台即服务（PaaS）方面的发展潜力巨大，如图 1-6 所示。

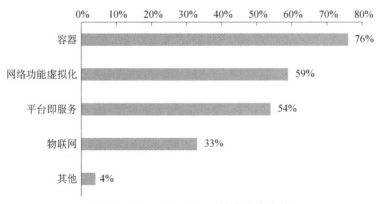

图 1-6  OpenStack 新兴技术关注热点

在 OpenStack 用户方面，调研报告也做了一定的调查，如图 1-7 所示为终端用户的世界分布图，OpenStack 用户最多的为北美洲，占到整体的 44%，其次为亚洲，为 28%，欧洲以 22%排名第 3。如果按照国家来排名，前 5 名分别为美国 39%、中国 8%、印度 7%、日本 6%、法国 4%。

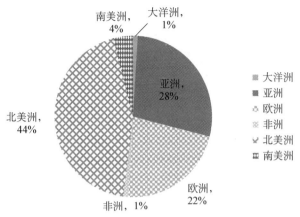

图 1-7　OpenStack 终端用户的世界分布图

在所有 OpenStack 生产环境中，如图 1-8 所示，Icehouse 以 39% 的部署率占据第 1 位，第 2 位 Juno 的部署率为 35%，第 3 位 Kilo 的部署率为 30%，这些都说明新版本在不断地受到用户的欢迎和支持。

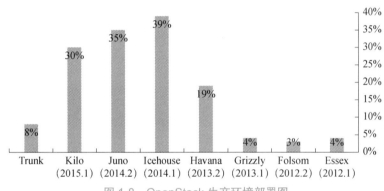

图 1-8　OpenStack 生产环境部署图

OpenStack 提供了众多的组件给用户使用，但是什么组件最受用户欢迎和接受一直以来没有具体的表现，在调研报告中向用户指出了组件的使用情况。如图 1-9 所示，Nova、Keystone、Horizon、Glance、Neutron、Cinder 仍然是 OpenStack 的核心组件，其使用率也是最高的，产品生产和测试的比例也最高。

调研报告中还指出了众多的流行部署工具的使用情况，如图 1-10 所示。在收到的最终调查问卷中，37% 的生产环境使用 Puppet 部署，28% 的使用 Ansible 部署，这两种部署工具占据一半以上的使用量。

在 OpenStack 的虚拟化类型的选择上，调查报告也给用户指出了方向。57% 的用户选择 KVM 作为其虚拟化管理程序（Hyperviosr），说明 KVM 发展的同时也促进了 OpenStack 的发展和进步。

（3）私有云市场高速增长

根据计世资讯的研究调查，中国私有云市场将继续保持高速增长的趋势，2018 年市场规模达到 512.4 亿元，同比增长 27.0%，如图 1-11 所示。到 2022 年，中国私有云市场规模

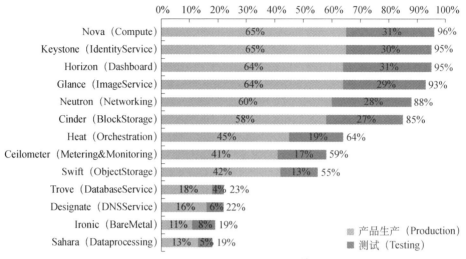

图 1-9　OpenStack 组件使用情况

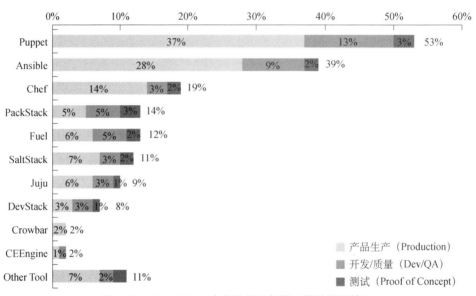

图 1-10　OpenStack 众多的流行部署工具的使用情况

图 1-11　2017—2018 年私有云市场规模及增长

达到近 1000 亿元。随着政务云、制造业、金融云等私有云市场（三大行业的市场份额超过 60%）的日益活跃，以及各地政府推动企业上云计划的实施，为中国私有云市场的发展提供了坚实的基础。

计世资讯研究表明，2018 年中国私有云市场中硬件的市场份额为 66.5%，下降幅度有加速的趋势。软件和服务产品的市场份额则呈现快速上升的趋势，2018 年市场份额分别将达到 21.2% 和 12.3%。硬件产品在私有云解决方案中的重要性持续下降，并且随着超融合产品的快速落地，使得项目中硬件产品的采购规模大幅减小。另外，软件和服务产品的重要性越发凸显，已经成为私有云解决方案中的核心，成为决定私有云项目成功与否的关键。2018 年上半年中国私有云行业市场份额如图 1-12 所示。

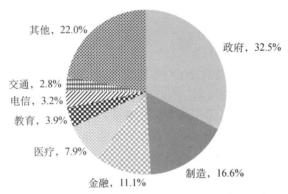

图 1-12　2018 年上半年中国私有云行业市场份额

（4）OpenStack 是中国私有云的事实标准

以 OpenStack 为代表的开源技术依然在私有云市场中占据主流。计世资讯认为，作为全球部署最广泛的开源云基础设施软件，OpenStack 经过多年的发展，在国内已经形成了稳定的以 OpenStack 为核心的开源云生态体系。尽管 OpenStack 在近年来受到了容器等技术的冲击，但是在中国市场中越来越丰富、越来越成熟的用户实践案例表明，OpenStack 开源云技术依然保持着足够的活力。现在 OpenStack 发展已经越发成熟，已逐渐摆脱了最初的版本混乱，以及后续运营维护、改造升级成本高昂等问题。

5 家领导者象限企业中就有 4 家（华为、新华三、华云、EasyStack）以 OpenStack 为基础。如图 1-13 所示，在排名 TOP20 的私有云企业当中，开源与闭源技术应用比例高达 7:3。在企业用户调查中也反映了这一点，被调查的 283 家企业用户当中，私有云建设中开源软件和闭源软件的采用百分比分别为 82.4% 和 17.6%，如图 1-14 所示。

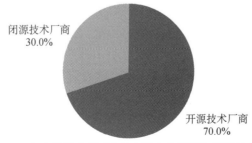

图 1-13　2018 年中国私有云 TOP20 厂商中开源和闭源技术应用比例

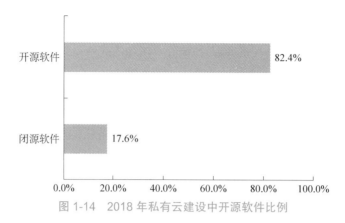

图 1-14　2018 年私有云建设中开源软件比例

5. 挑战与机遇

（1）云计算市场结构

① 云计算市场预测。云计算自 2006 年提出至今，大致经历了形成阶段、发展阶段和应用阶段。过去十年是云计算突飞猛进的十年，全球云计算市场规模扩大数倍，我国云计算市场从最初的十几亿元扩大到现在的千亿元规模，全球各国政府纷纷推出"云优先"策略，我国云计算政策环境日趋完善，云计算技术不断发展成熟，云计算应用从互联网行业向政务、金融、工业、医疗等传统行业加速渗透。

根据中国信通院发布的《云计算白皮书（2020 年）》，2019 年我国云计算整体市场规模达 1334 亿元，增速为 38.6%。我国公有云市场规模首次超过私有云，如图 1-15 所示。公有云市场规模达到 689.3 亿元，相比 2018 年增长 57.6%，占比 52%。2019 年我国私有云市场占比为 48%，私有云市场规模达 645.2 亿元，较 2018 年增长 22.8%，预计未来几年将保持稳定增长，到 2023 年市场规模将接近 1500 亿元。

② 私有云企业竞争力分析象限。中国私有云需求旺盛，因而成为各类企业竞争的重点。如图 1-16 所示，计世资讯发布了"2017—2018 年私有云市场各品牌竞争力分析象限图"，其中，最值得关注的领导者象限企业包括华为、新华三、VMware、华云、EasyStack（易捷行云）五家企业。

VMware 是唯一一家国外企业，也是唯一进入领导者象限的非 OpenStack 企业。

VMware 虚拟化可谓市场接受程度最高，那么中国用户对 VMware 产品应用是否还停留在虚拟化阶段？VMware 作为虚拟化巨头近年来在国内保持了良好的发展势头，服务器虚拟化产品市场份额远超其他对手，计世资讯点评也印证了这一点。但是在私有云方面，VMware 的占有率似乎并不高。这主要源于用户管理需求的复杂化导致用户需要更开放更具有兼容性的产品，比如 OpenStack+KVM 的产品。

同时，计世资讯也给出了 VMware 建议，当然，不可否认 VMware 在产品特性和功能方面依然有独到的地方，VMware 仍然是私有云中举足轻重的领导者。但与国内用户使用特性的结合方面仍有待提升。对用户的定制化需求往往是私有云方案赢得市场的关键，这方面 VMware 正在着手改善。

EasyStack 是唯一进入领导者象限的云创业型企业、专业私有云厂商。

EasyStack 自成立以来在中国私有云市场上声音不断，四年获得五轮融资，已到 C++

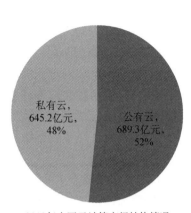

2019年中国云计算市场结构情况

图 1-15  云计算市场结构

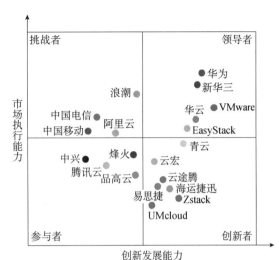

图 1-16  2017—2018 年私有云市场
各品牌竞争力分析象限图

轮阶段。应该说，云创业型企业比拼的首要就是技术能力和产品能力，只有这两方面的能力过硬才能在强手林立的私有云市场迅速占据一席之地。EasyStack 一直受到资本市场的青睐，也是为数不多的在 Linux、OpenStack、Ceph、Kubernetes、Docker 等开源云技术领域均有涉足的企业。计世资讯对 EasyStack 的点评也强调了这一点，EasyStack 强调产品化能力，在稳定性、可靠性和性能上要求较高的金融行业，以及业务场景复杂、IoT 等创新应用颇多的制造行业获得了不少标杆客户的认可和取得了较大市场份额。

同时，计世资讯对 EasyStack 的另一点评价也值得关注：EasyStack 注重用户体验，在 ECS 企业云纯软件的基础上推出了云计算的软硬一体化交付产品 ECS Stack 超融合，扩大了市场受众。

这符合计世资讯对于中国私有云市场的一个重要判断——云软硬一体化交付正在成为私有云市场的新趋势。云软硬一体化交付模式将会大幅缩短私有云的部署周期，有效减少厂商的定制化工作，推动私有云产品化落地，对市场起到强劲的推动作用。

此外，华为、新华三继续以传统 IT 企业身份占据领导者象限，且是国内为数不多的、能够覆盖从硬件到软件再到解决方案，拥有全线云产品的企业。它们都在政务云方面表现突出。华云则以公有云企业身份新入领导者象限，计世资讯认为全云能力是华云最大的特点和优势。

（2）云计算行业发展前景

① 相关政策支持。对于云计算行业，政策扶持力度逐渐加大，产业发展拐点已现。尽管我国企业对云计算的价值已达成共识，但云服务商获客仍面临较多阻碍，安全稳定和迁移重构是导致未上云企业仍处于观望状态的两大难点。2018 年 8 月，工业和信息化部发布的《推动企业上云实施指南（2018—2020 年）》提出：到 2020 年，力争实现企业上云环境进一步优化，行业企业上云意识和积极性明显提高，上云比例和应用深度显著提升，云计算在企业生产、经营、管理中的应用广泛普及，全国新增上云企业 100 万家。

② 国内云生态体系不断强化。随着云计算相关政策的不断落实推进，我国云计算服务产业发展势头迅猛、创新能力显著增强、服务能力大幅提升、应用范畴不断拓展，已成为

提升信息化发展、打造数字经济新动能的重要支撑，国内云计算服务的云生态体系建设得到不断强化。

其一，云服务产业在基础设施方面越来越向规模化、集约化、高负载方向发展，给整体行业发展提供了有力的支撑。其二，我国当前处于"互联网+"和数字化转型阶段，云计算服务在各行业领域的应用进一步扩散，已从游戏、电商、移动、社交等互联网行业向制造、金融、交通、医疗健康等传统行业转变，且随着云服务行业生态链不断完善，各种应用市场逐步趋于饱和，行业分工呈现精细化趋势。其三，国内BAT巨头、三大运营商、华为等企业先后开拓云服务业务，其技术能力日益提升，规模逐渐扩大，且各巨头正纷纷打造云生态，国内领军企业对云计算行业的掌控力不断强化。

③ 三大云服务领域快速发展。在我国云服务的细分行业中，政务云已经成为主要战场，金融云竞争十分激烈，医疗云正在稳步推进，政务云、金融云、医疗云的快速发展体现出了云行业的巨大发展潜力。

政务领域，我国政务云市场形成了以浪潮、华为等为代表的传统IT厂商，以阿里、腾讯为代表的互联网厂商，联通、电信、移动三大运营商，以及以太极为首的IT系统集成商的四大"阵营"。金融领域，在行业政策规划和指导意见的推动下，相关监管规则和标准逐渐落地，针对银行业务的云计算技术、解决方案日趋成熟，更多银行基于业务需求启动上云进程。医疗领域，在国家政策的引领下，国内首批健康医疗大数据应用及产业园建设国家试点，已形成了较为完善的医疗大数据发展体系；随着我国健康医疗大数据的逐步推动，云计算在医疗健康行业的应用也得到了快速发展。

④ 5G技术或将推动云服务加速渗透。高带宽、低时延等网络特性的5G网络有助于云计算使用体验的进一步提升，同时5G应用中广泛使用云服务作为数据计算、存储的底层基础，5G时代的到来有助于云计算、云服务渗透率的快速提升。未来随着5G应用的发展，越来越多垂直云服务解决方案将被探讨，并进入实际应用中，云服务有望迎来黄金发展期。

（3）云计算行业发展趋势

① 云计算的政策支持不断深化。2010年10月，国务院发布《关于加快培育和发展战略性新兴产业的决定》，将云计算纳入战略性新兴产业；2011年，国务院办公厅发布《关于加快发展高技术服务业的指导意见》，将云计算列入重点推进的高技术服务业；2015年，工信部启动"十三五"纲要，将云计算列为重点发展的战略性产业，打造云计算产业链。国家关于云计算的政策逐渐从战略方向的把握走向推进实质性应用。

② 重点行业应用将成为云计算的重要市场。进入集中建设阶段的智慧城市建设为云计算带来广阔市场，同时推动电子政务、民生应用等领域的云计算应用。目前，各地大力发展政务云、城市云和教育云、医疗云等，金融、教育、旅游、医疗等行业的云平台发展速度开始加快。另外，随着云计算生态链和云计算技术的日趋成熟、云服务价格的下降，云服务被越来越多的行业用户所使用，带动了市场的整体快速发展。

③ 云基础软件产品市场潜力巨大。随着云计算产业规模的逐步扩大，大型企业和政府用户逐步采用云计算技术构建云计算基础设施，一般采用公有云或私有云两种方式构建，并以服务的方式提供给内部用户、业务部门和外部供应商与合作伙伴。但云服务用户更加关注行业云应用服务，以及如何将传统的企业软件升级到云计算环境中运行。

## 1.2　OpenStack 的安装与使用

Ansible 部署高可　　Ansible 部署高可　　在线扩容　　在线扩容
用 OpenStack　　　用 OpenStack　　OpenStack 计算　　OpenStack 计算
平台（1）　　　　平台（2）　　　节点（1）　　　节点（2）

使用 VMware Workstation 软件安装 CentOS 7.5 操作系统，镜像使用 CentOS-7-x86_64-DVD-1804.iso，虚拟机使用双网卡，第一张网卡用作通信管理，第二张网卡用作虚拟机通信。compute 节点添加一块容量为 20GB 的硬盘，用于 Cinder、Swift。关闭防火墙并且配置 Selinux 规则，配置 IP 地址。YUM 源使用 IaaS-OpenStack-x86-64_v1.0.iso 镜像和 CentOS-7-x86_64-DVD-1804.iso 镜像。

注：可以给一个干净的 CentOS 7.5 虚拟机创建快照，以备后面克隆使用，可以省去安装的步骤与时间。

OpenStack 环境节点规划见表 1-1。

表 1-1　环境节点规划

| IP 地址 | 主机名 | 节点 |
| --- | --- | --- |
| 192.168.100.10 | controller | controller |
| 192.168.100.20 | compute | compute |

1. 基础环境配置

（1）配置 IP 地址

编辑 controller 节点网卡配置文件，配置 IP 地址。

```
[root@localhost ~]# cat /etc/sysconfig/network-scripts/ifcfg-ens33
TYPE=Ethernet
PROXY_METHOD=none
BROWSER_ONLY=no
BOOTPROTO=static
DEFROUTE=yes
IPV4_FAILURE_FATAL=no
IPV6INIT=yes
IPV6_AUTOCONF=yes
IPV6_DEFROUTE=yes
IPV6_FAILURE_FATAL=no
IPV6_ADDR_GEN_MODE=stable-privacy
NAME=ens33
UUID=42fe16d2-e981-494e-b7ab-c5d79c75c907
DEVICE=ens33
ONBOOT=yes
```

```
IPADDR=192.168.100.10
NETMASK=255.255.255.0
GATEWAY=192.168.100.1
```

编辑 compute 节点网卡配置文件，配置 IP 地址。

```
[root@localhost ~]# cat /etc/sysconfig/network-scripts/ifcfg-ens33
TYPE=Ethernet
PROXY_METHOD=none
BROWSER_ONLY=no
BOOTPROTO=static
DEFROUTE=yes
IPV4_FAILURE_FATAL=no
IPV6INIT=yes
IPV6_AUTOCONF=yes
IPV6_DEFROUTE=yes
IPV6_FAILURE_FATAL=no
IPV6_ADDR_GEN_MODE=stable-privacy
NAME=ens33
UUID=f0c560ac-b4f3-4366-ae7e-0841b0b1632d
DEVICE=ens33
ONBOOT=yes
IPADDR=192.168.100.20
NETMASK=255.255.255.0
GATEWAY=192.168.100.1
```

（2）配置节点主机名称

配置 controller 节点主机名称，配置完成后重新连接使主机名生效。

```
[root@localhost ~]# hostnamectl set-hostname controller
[root@localhost ~]# exit
登出

连接断开
连接成功
Last login: Mon Jan 25 06:00:24 2021 from gateway
[root@controller ~]#
```

配置 compute 节点主机名称，配置完成后重新连接使主机名生效。

```
[root@localhost ~]# hostnamectl set-hostname compute
[root@localhost ~]# exit
登出
连接断开
连接成功
Last login: Mon Jan 25 06:00:42 2021 from gateway
[root@compute ~]#
```

（3）挂载 ISO 镜像源

将 CentOS-7-x86_64-DVD-1804.iso、IaaS-OpenStack-x86-64_v1.0.iso 两个镜像上传至

controller 节点/root 目录中，在/opt 目录中创建 centos、iaas 两个文件夹，分别将两个 ISO 镜像挂载至文件夹中。

```
[root@controller ~]# ls
anaconda-ks.cfg  CentOS-7-x86_64-DVD-1804.iso  IaaS-OpenStack-x86-64_v1.
0.iso
[root@controller ~]# mkdir /opt/{centos,iaas}
[root@controller ~]# ls /opt/
centos  iaas
[root@controller ~]# mount CentOS-7-x86_64-DVD-1804.iso /opt/centos/
mount: /dev/loop0 写保护,将以只读方式挂载
[root@controller ~]# mount IaaS-OpenStack-x86-64_v1.0.iso /opt/iaas
mount: /dev/loop1 写保护,将以只读方式挂载
```

（4）配置 YUM 源

将/etc/yum.repos.d/目录中原有配置文件移动至/opt/目录中，添加 local.repo 文件。

```
[root@controller ~]# mv /etc/yum.repos.d/* /opt/
[root@controller ~]# cat << EOF > /etc/yum.repos.d/local.repo
[centos]
name=centos
baseurl=file:///opt/centos
gpgcheck=0
[iaas]
name=iaas
baseurl=file:///opt/iaas/iaas-repo
gpgcheck=0
enabled=1
EOF
```

执行命令，检查 YUM 源是否正确。

```
[root@controller ~]# yum repolist
已加载插件:fastestmirror
Determining fastest mirrors
centos                                        | 3.6 kB  00:00:00
iaas                                          | 2.9 kB  00:00:00
(1/3): centos/group_gz                        | 166 kB  00:00:01
(2/3): centos/primary_db                      | 3.1 MB  00:00:01
(3/3): iaas/primary_db                        | 1.4 MB  00:00:01
源标识              源名称            状态
centos             centos            3,971
iaas               iaas              3,230
repolist: 7,201
```

（5）关闭防火墙和 Selinux

关闭 controller 节点的防火墙和 Selinux。

```
[root@controller ~]# systemctl stop firewalld
```

```
[root@controller ~]# systemctl disable firewalld
Removed  symlink  /etc/systemd/system/multi-user.target.wants/firewalld.
service.
Removed  symlink  /etc/systemd/system/dbus-org.fedoraproject.FirewallD1.
service.
[root@controller ~]# setenforce 0
[root@controller ~]# getenforce
Permissive
```

关闭 compute 节点的防火墙和 Selinux。

```
[root@compute ~]# systemctl stop firewalld
[root@compute ~]# systemctl disable firewalld
Removed symlink /etc/systemd/system/multi-user.target.wants/firewalld.service.
Removed symlink /etc/systemd/system/dbus-org.fedoraproject.FirewallD1.service.
[root@compute ~]# setenforce 0
[root@compute ~]# getenforce
Permissive
```

（6）安装 vsftpd 服务

在 controller 节点安装 vsftpd 服务，使 compute 节点可以使用 vsftpd 服务访问 controller 节点软件包。

```
[root@controller ~]# yum install vsftpd -y
[root@controller ~]# echo "anon_root=/opt" >> /etc/vsftpd/vsftpd.conf
[root@controller ~]# systemctl restart vsftpd
[root@controller ~]# systemctl enable vsftpd
Created symlink from /etc/systemd/system/multi-user.target.wants/vsftpd.
service to /usr/lib/systemd/system/vsftpd.service.
```

在 compute 节点配置 YUM 源，格式采用 ftp://{IP}，使用 controller 节点软件包。

```
[root@compute ~]# mv /etc/yum.repos.d/* /opt/
[root@compute ~]# cat << EOF > /etc/yum.repos.d/ftp.repo
[centos]
name=centos
baseurl=ftp://192.168.100.10/centos
gpgcheck=0
enabled=1
[iaas]
name=iaas
baseurl=ftp://192.168.100.10/iaas/iaas-repo
gpgcheck=0
enabled=1
EOF
```

执行命令检查 YUM 是否正确。

```
[root@compute ~]# yum repolist
已加载插件:fastestmirror
Loading mirror speeds from cached hostfile
源标识                  源名称                状态
centos                 centos               3,971
iaas                   iaas                 3,230
repolist: 7,201
```

（7）计算节点硬盘分区

使用 fdisk 命令对添加的 sdb 硬盘进行分区，分出两个空分区：sdb1、sdb2。

```
[root@compute ~]# fdisk /dev/sdb
欢迎使用 fdisk(util-linux 2.23.2)。

更改将停留在内存中,直到用户决定将更改写入磁盘。
使用写入命令前请三思。

Device does not contain a recognized partition table
使用磁盘标识符 0x8070ece9 创建新的 DOS 磁盘标签。

命令(输入 m 获取帮助):n
Partition type:
   p   primary(0 primary, 0 extended, 4 free)
   e   extended
Select(default p): p
分区号(1-4,默认 1):1
起始 扇区(2048-41943039,默认为 2048):2048
Last 扇区, +扇区 or +size{K,M,G}(2048-41943039,默认为 41943039):+10G
分区 1 已设置为 Linux 类型,大小设为 10 GiB

命令(输入 m 获取帮助):n
Partition type:
   p   primary(1 primary, 0 extended, 3 free)
   e   extended
Select(default p): p
分区号(2-4,默认 2):2
起始 扇区(20973568-41943039,默认为 20973568):20973568
Last 扇区, +扇区 or +size{K,M,G}(20973568-41943039,默认为 41943039):
将使用默认值 41943039
分区 2 已设置为 Linux 类型,大小设为 10 GiB

命令(输入 m 获取帮助):p

磁盘 /dev/sdb:21.5 GB, 21474836480 字节,41943040 个扇区
Units = 扇区 of 1 * 512 = 512 bytes
```

```
扇区大小(逻辑/物理):512 字节 / 512 字节
I/O 大小(最小/最佳):512 字节 / 512 字节
磁盘标签类型:dos
磁盘标识符:0x8070ece9


   设备 Boot      Start         End       Blocks   Id  System
/dev/sdb1         2048     20973567     10485760   83  Linux
/dev/sdb2     20973568     41943039     10484736   83  Linux

命令(输入 m 获取帮助):w
The partition table has been altered!

Calling ioctl() to re-read partition table.
正在同步磁盘。
```

2. 配置 OpenStack 环境

（1）安装 iaas-openstack

在 controller 节点安装 iaas-openstack 软件包。

```
[root@controller ~]# yum install iaas-openstack -y
```

在 compute 节点安装 iaas-openstack 软件包。

```
[root@compute ~]# yum install iaas-openstack -y
```

（2）配置环境变量

编辑/etc/iaas-openstack/openrc.sh 环境配置文件，配置环境变量。

```
[root@controller ~]# vi /etc/iaas-openstack/openrc.sh
#--------------------system Config--------------------##
#Controller Server Manager IP. example:x.x.x.x
HOST_IP=192.168.100.10

#Controller HOST Password. example:000000
HOST_PASS=000000

#Controller Server hostname. example:controller
HOST_NAME=controller

#Compute Node Manager IP. example:x.x.x.x
HOST_IP_NODE=192.168.100.20

#Compute HOST Password. example:000000
HOST_PASS_NODE=000000

#Compute Node hostname. example:compute
```

```
HOST_NAME_NODE=compute


#--------------------Chrony Config--------------------##
#Controller network segment IP.  example:x.x.0.0/16(x.x.x.0/24)
network_segment_IP=192.168.100.0/24


#--------------------Rabbit Config -------------------##
#user for rabbit. example:openstack
RABBIT_USER=openstack

#Password for rabbit user .example:000000
RABBIT_PASS=000000


#--------------------MySQL Config--------------------##
#Password for MySQL root user . exmaple:000000
DB_PASS=000000


#--------------------Keystone Config------------------##
#Password for Keystore admin user. exmaple:000000
DOMAIN_NAME=demo
ADMIN_PASS=000000
DEMO_PASS=000000

#Password for Mysql keystore user. exmaple:000000
KEYSTONE_DBPASS=000000


#-------------------‐--Glance Config--------------------##
#Password for Mysql glance user. exmaple:000000
GLANCE_DBPASS=000000

#Password for Keystore glance user. exmaple:000000
GLANCE_PASS=000000


#--------------------Nova Config----------------------##
#Password for Mysql nova user. exmaple:000000
NOVA_DBPASS=000000

#Password for Keystore nova user. exmaple:000000
NOVA_PASS=000000


#--------------------Neturon Config-------------------##
#Password for Mysql neutron user. exmaple:000000
NEUTRON_DBPASS=000000
```

```
#Password for Keystore neutron user. exmaple:000000
NEUTRON_PASS=000000

#metadata secret for neutron. exmaple:000000
METADATA_SECRET=000000

#Tunnel Network Interface. example:x.x.x.x
INTERFACE_IP=192.168.100.10

#External Network Interface. example:eth1
INTERFACE_NAME=ens34              ## 当前节点第二张网卡名称

#External Network The Physical Adapter. example:provider
Physical_NAME=provider

#First Vlan ID in VLAN RANGE for VLAN Network. exmaple:101
minvlan=1

#Last Vlan ID in VLAN RANGE for VLAN Network. example:200
maxvlan=1000

#--------------------Cinder Config--------------------##
#Password for Mysql cinder user. exmaple:000000
CINDER_DBPASS=000000

#Password for Keystore cinder user. exmaple:000000
CINDER_PASS=000000

#Cinder Block Disk. example:md126p3
BLOCK_DISK=sdb1              ## 计算节点空分区

#--------------------Swift Config--------------------##
#Password for Keystore swift user. exmaple:000000
SWIFT_PASS=000000

#The NODE Object Disk for Swift. example:md126p4.
OBJECT_DISK=sdb2              ## 计算节点空分区

#The NODE IP for Swift Storage Network. example:x.x.x.x.
STORAGE_LOCAL_NET_IP=192.168.100.20      ##计算节点管理 IP 地址
```

将 controller 节点修改好的环境变量文件复制至 compute 节点，并修改 compute 节点环境变量文件。当提示"password:"时输入计算节点密码。

```
[root@controller ~]# scp /etc/iaas-openstack/openrc.sh  192.168.100.20:/
```

```
etc/iaas-openstack/openrc.sh
    The   authenticity   of   host   '192.168.100.20(192.168.100.20)'   can't   be
established.
    ECDSA   key   fingerprint   is   SHA256:HkxstKLFU4d3MdInigQwlypoUFuNRSVbDSX1Dz
TQprg.
    ECDSA key fingerprint is MD5:59:72:00:ef:6b:b7:1e:56:50:fd:80:6f:d4:f1:9f:
6e.
    Are you sure you want to continue connecting(yes/no)? yes
    Warning: Permanently added '192.168.100.20'(ECDSA) to the list of known hosts.
    root@192.168.100.20's password:
    openrc.sh
```

修改环境变量配置文件中的"INTERFACE_IP"。

```
#--------------------Neturon Config-------------------##
#Password for Mysql neutron user. exmaple:000000
NEUTRON_DBPASS=000000

#Password for Keystore neutron user. exmaple:000000
NEUTRON_PASS=000000

#metadata secret for neutron. exmaple:000000
METADATA_SECRET=000000

#Tunnel Network Interface. example:x.x.x.x
INTERFACE_IP=192.168.100.20          ##修改为计算节点管理 IP 地址

#External Network Interface. example:eth1
INTERFACE_NAME=ens34
```

### 3. 安装基础环境设置

（1）安装 controller 节点基础环境

通过执行脚本安装基础环境设置，在 controller 节点执行脚本。

应用系统基础
服务安装

```
[root@controller ~]# iaas-pre-host.sh
……
总计                         58 MB/s | 2.8 MB  00:00:00
Running transaction check
Running transaction test
Transaction test succeeded
Running transaction
  正在安装       : 32:bind-libs-9.9.4-61.el7.x86_64          1/2
  正在安装       : 32:bind-9.9.4-61.el7.x86_64               2/2
  验证中         : 32:bind-9.9.4-61.el7.x86_64               1/2
  验证中         : 32:bind-libs-9.9.4-61.el7.x86_64          2/2
```

已安装：
  bind.x86_64 32:9.9.4-61.el7

作为依赖被安装：
  bind-libs.x86_64 32:9.9.4-61.el7

完毕！
```
Created symlink from /etc/systemd/system/multi-user.target.wants/named.
service to /usr/lib/systemd/system/named.service.
Please Reboot or Reconnect the terminal
```

执行完成后，重启节点。

```
[root@controller ~]# reboot
```

（2）安装compute节点基础环境

通过执行脚本安装基础环境设置，在compute节点执行脚本。

```
[root@compute ~]# iaas-pre-host.sh
……
已加载插件:fastestmirror
Loading mirror speeds from cached hostfile
软件包 chrony-3.2-2.el7.x86_64 已安装并且是最新版本
无须任何处理
Please Reboot or Reconnect the terminal
```

执行完成后，重启节点。

```
[root@compute ~]# reboot
```

4. 安装数据库服务

（1）安装controller节点数据库服务

在controller节点执行数据库脚本，安装数据库服务和配置。

```
[root@controller ~]# iaas-install-mysql.sh
……
Downloading packages:
Running transaction check
Running transaction test
Transaction test succeeded
Running transaction
  正在安装          : etcd-3.3.11-2.el7.centos.x86_64          1/1
  验证中            : etcd-3.3.11-2.el7.centos.x86_64        1/1
```

已安装：
  etcd.x86_64 0:3.3.11-2.el7.centos

完毕!

```
Created  symlink  from  /etc/systemd/system/multi-user.target.wants/etcd.
service to /usr/lib/systemd/system/etcd.service.
```

（2）验证数据库服务

输入数据库访问用户名和密码，查看数据库列表。

```
[root@controller ~]# mysql -uroot -p000000 -e "show databases;"
+--------------------+
| Database           |
+--------------------+
| information_schema |
| mysql              |
| performance_schema |
+--------------------+
```

5. 安装 Keystone 认证服务

（1）安装 controller 节点认证服务

在 controller 节点上执行脚本安装认证服务。

```
[root@controller ~]# iaas-install-keystone.sh
……
+---------------------+----------------------------------+
| Field               | Value                            |
+---------------------+----------------------------------+
| domain_id           | 40aa969bd5d2442cb2eed32e499f96c1 |
| enabled             | True                             |
| id                  | 20acd6fce811443298d6ef6c4710f1e2 |
| name                | demo                             |
| options             | {}                               |
| password_expires_at | None                             |
+---------------------+----------------------------------+

+-----------+----------------------------------+
| Field     | Value                            |
+-----------+----------------------------------+
| domain_id | None                             |
| id        | 26eec32abea245928509491a3dbaa4e1 |
| name      | user                             |
+-----------+----------------------------------+

+-----------------------------------------------------------------------
------------------------------------------------------------------------
-----------------------------------------------------+
| Field     | Value     |
```

```
+------------+----------------------------------------------
------------------------------------------------------------
------------------------------------------------+
| expires    | 2021-01-25T18:09:41+0000                      |
| id         | gAAAAABgDvtVzWdES3L3667TsXabK4WKuEkrSjqFPRYk3rw_7KDoqZOTCtwt
49LFiAhJov577s2SHyzVdjNiOlP0dm59bo2dxlTm4p5P4CjRSRwHsG_5T1Z9ETHoVT-8KAUNQ-IC
bNEB3SL_0UDqwy-e-owYr_-b92jDeWmQuGg9LVJN18MZgSY |
| project_id | 563a1bd3cee84608913f046e5a39fffd              |
| user_id    | e8b526ab962b49cd918e51c58220c06b              |
+------------+----------------------------------------------
------------------------------------------------------------
------------------------------------------------+
```

（2）验证认证服务

通过命令生效环境变量，查询 OpenStack 服务列表。admin-openrc.sh 环境变量文件中存放着用户信息，在执行 OpenStack 命令时需要使此环境变量文件生效。

```
[root@controller ~]# source /etc/keystone/admin-openrc.sh
[root@controller ~]# openstack service list
+----------------------------------+----------+----------+
| ID                               | Name     | Type     |
+----------------------------------+----------+----------+
| fd9b50e5f1ee40cab2479a6c981a2d02 | keystone | identity |
+----------------------------------+----------+----------+
```

查询 OpenStack 用户列表。

```
[root@controller ~]# openstack user list
+----------------------------------+-------+
| ID                               | Name  |
+----------------------------------+-------+
| 20acd6fce811443298d6ef6c4710f1e2 | demo  |
| e8b526ab962b49cd918e51c58220c06b | admin |
+----------------------------------+-------+
```

查询 OpenStack 项目列表。

```
[root@controller ~]# openstack project list
+----------------------------------+---------+
| ID                               | Name    |
+----------------------------------+---------+
| 478f5f8143a6436fbbcffe256968cbe8 | demo    |
| 563a1bd3cee84608913f046e5a39fffd | admin   |
| ede924ca091340d1b1ed1b4f5573de30 | service |
+----------------------------------+---------+
```

查询 OpenStack 角色列表。

```
[root@controller ~]# openstack role list
+----------------------------------+-------+
| ID                               | Name  |
+----------------------------------+-------+
| 26eec32abea245928509491a3dbaa4e1 | user  |
| 5f6f3927cec64adc84a466d6af5decd7 | admin |
+----------------------------------+-------+
```

6. 安装 Glance 镜像服务

（1）安装 controller 节点镜像服务

在 controller 节点执行脚本安装镜像服务。

```
[root@controller ~]# iaas-install-glance.sh
……
/usr/lib/python2.7/site-packages/oslo_db/sqlalchemy/enginefacade.py:1336:
OsloDBDeprecationWarning: EngineFacade is deprecated; please use oslo_db.
sqlalchemy.enginefacade
   expire_on_commit=expire_on_commit, _conf=conf)
INFO  [alembic.runtime.migration] Context impl MySQLImpl.
INFO  [alembic.runtime.migration] Will assume non-transactional DDL.
INFO  [alembic.runtime.migration] Running upgrade  -> liberty, liberty initial
INFO  [alembic.runtime.migration] Running upgrade liberty -> mitaka01, add
index on created_at and updated_at columns of 'images' table
INFO  [alembic.runtime.migration] Running upgrade mitaka01 -> mitaka02,
update metadef os_nova_server
INFO  [alembic.runtime.migration] Running upgrade mitaka02 -> ocata_
expand01, add visibility to images
INFO  [alembic.runtime.migration] Running upgrade ocata_expand01 -> pike_
expand01, empty expand for symmetry with pike_contract01
INFO  [alembic.runtime.migration] Running upgrade pike_expand01 -> queens_
expand01
INFO  [alembic.runtime.migration] Context impl MySQLImpl.
INFO  [alembic.runtime.migration] Will assume non-transactional DDL.
Upgraded database to: queens_expand01, current revision(s): queens_expand01
INFO  [alembic.runtime.migration] Context impl MySQLImpl.
INFO  [alembic.runtime.migration] Will assume non-transactional DDL.
INFO  [alembic.runtime.migration] Context impl MySQLImpl.
INFO  [alembic.runtime.migration] Will assume non-transactional DDL.
Database migration is up to date. No migration needed.
INFO  [alembic.runtime.migration] Context impl MySQLImpl.
INFO  [alembic.runtime.migration] Will assume non-transactional DDL.
INFO  [alembic.runtime.migration] Context impl MySQLImpl.
INFO  [alembic.runtime.migration] Will assume non-transactional DDL.
```

```
   INFO   [alembic.runtime.migration] Running  upgrade  mitaka02  ->  ocata_
contract01, remove is_public from images
   INFO  [alembic.runtime.migration] Running upgrade ocata_contract01 -> pike_
contract01, drop glare artifacts tables
   INFO  [alembic.runtime.migration] Running upgrade pike_contract01 -> queens_
contract01
   INFO  [alembic.runtime.migration] Context impl MySQLImpl.
   INFO  [alembic.runtime.migration] Will assume non-transactional DDL.
   Upgraded  database  to:  queens_contract01,  current  revision(s):  queens_
contract01
   INFO  [alembic.runtime.migration] Context impl MySQLImpl.
   INFO  [alembic.runtime.migration] Will assume non-transactional DDL.
   Database is synced successfully.
   Created  symlink  from  /etc/systemd/system/multi-user.target.wants/opens
tack-glance-api.service to /usr/lib/systemd/system/openstack-glance-api.service.
   Created  symlink  from  /etc/systemd/system/multi-user.target.wants/opens
tack-glance-registry.service to /usr/lib/systemd/system/openstack-glance-registry.
service.
```

（2）验证镜像服务

通过命令生效环境变量，查询镜像服务。

```
[root@controller ~]# source /etc/keystone/admin-openrc.sh
[root@controller ~]# openstack service list
+----------------------------------+----------+----------+
| ID                               | Name     | Type     |
+----------------------------------+----------+----------+
| 20bf72873612412daad85287bc10c84a | glance   | image    |
| fd9b50e5f1ee40cab2479a6c981a2d02 | keystone | identity |
+----------------------------------+----------+----------+
```

通过命令查询镜像列表。

```
[root@controller ~]# glance image-list
+----+------+
| ID | Name |
+----+------+
+----+------+
```

7. 安装 Nova 计算服务

（1）安装 controller 节点计算服务

在 controller 节点执行脚本安装计算服务。

```
[root@controller ~]# iaas-install-nova-controller.sh
......
```

```
+-------+-----------------------------------+------------------------
-----------+--------------------------------------------+
| 名称  |              UUID                |     Transport URL     |           数据库连接           |
+-------+-----------------------------------+------------------------
-----------+--------------------------------------------+
| cell0 | 00000000-0000-0000-0000-000000000000 |         none:/
| mysql+pymysql://nova:****@controller/nova_cell0 |
| cell1 | 727f8818-f51c-4423-9f9a-ee8962afbcf7 | rabbit://openstack:****
@controller |  mysql+pymysql://nova:****@controller/nova   |
+-------+-----------------------------------+------------------------
-----------+--------------------------------------------+
Created symlink from /etc/systemd/system/multi-user.target.wants/openstack-
nova-api.service to /usr/lib/systemd/system/openstack-nova-api.service.
Created symlink from /etc/systemd/system/multi-user.target.wants/openstack-
nova-consoleauth.service to /usr/lib/systemd/system/openstack-nova-consoleauth.
service.
Created symlink from /etc/systemd/system/multi-user.target.wants/openstack-
nova-scheduler.service to /usr/lib/systemd/system/openstack-nova-scheduler.
service.
Created symlink from /etc/systemd/system/multi-user.target.wants/openstack-
nova-conductor.service to /usr/lib/systemd/system/openstack-nova-conductor.
service.
Created symlink from /etc/systemd/system/multi-user.target.wants/openstack-
nova-novncproxy.service to /usr/lib/systemd/system/openstack-nova-novncproxy.
service.
```

（2）安装 compute 节点计算服务

在 compute 节点执行脚本安装计算服务。

```
[root@compute ~]# iaas-install-nova-compute.sh
……
Created symlink from /etc/systemd/system/multi-user.target.wants/openstack-
nova-compute.service to /usr/lib/systemd/system/openstack-nova-compute.service.
Pseudo-terminal will not be allocated because stdin is not a terminal.
+----+--------------+---------+------+---------+-------+------------+
| ID | Binary       | Host    | Zone | Status  | State | Updated At |
+----+--------------+---------+------+---------+-------+------------+
| 6  | nova-compute | compute | nova | enabled | up    | None       |
+----+--------------+---------+------+---------+-------+------------+
Found 2 cell mappings.
Skipping cell0 since it does not contain hosts.
Getting computes from cell 'cell1': 727f8818-f51c-4423-9f9a-ee8962afbcf7
Checking host mapping for compute host 'compute': 2f3c216b-3839-4d7c-
9ca4-b92f2130f95a
Creating host mapping for compute host 'compute': 2f3c216b-3839-4d7c-9ca4-
```

b92f2130f95a

Found 1 unmapped computes in cell: 727f8818-f51c-4423-9f9a-ee8962afbcf7

（3）验证计算服务

通过命令查询计算服务列表。

```
[root@controller ~]# source /etc/keystone/admin-openrc.sh
[root@controller ~]# nova service-list
+--------------------------------------+------------------+------------+
----------+---------+-------+----------------------------+-----------------+
-------------+
| Id                                   | Binary           | Host       | Zone        |
Status  | State | Updated_at                 | Disabled Reason | Forced down |
+--------------------------------------+------------------+------------+
----------+---------+-------+----------------------------+-----------------+
-------------+
| cea7548f-8bbb-4c6e-b61f-4dfe21e0db5c | nova-scheduler   | controller |
internal | enabled | up    | 2021-01-25T17:34:13.000000 | -               | False       |
| bfff5089-4a2a-41e8-89ff-41db8ed5fa70 | nova-conductor   | controller |
internal | enabled | up    | 2021-01-25T17:34:14.000000 | -               | False       |
| 137b41be-f4c1-4c83-8301-1e466ca3ddda | nova-consoleauth | controller |
internal | enabled | up    | 2021-01-25T17:34:14.000000 | -               | False       |
| 735c3126-4b64-4fd6-8b7e-2ec052832c14 | nova-compute     | compute    | nova |
enabled | up    | 2021-01-25T17:34:12.000000 | -               | False       |
+--------------------------------------+------------------+------------+
----------+---------+-------+----------------------------+-----------------+
-------------+
```

8．安装 Neutron 网络服务

（1）安装 controller 节点网络服务

在 controller 节点执行脚本安装网络服务。

```
[root@controller ~]# iaas-install-neutron-controller.sh
......
  确定
Created symlink from /etc/systemd/system/multi-user.target.wants/neutron-
server.service to /usr/lib/systemd/system/neutron-server.service.
    Created symlink from /etc/systemd/system/multi-user.target.wants/neutron-
linuxbridge-agent.service to /usr/lib/systemd/system/neutron-linuxbridge-agent.
service.
    Created symlink from /etc/systemd/system/multi-user.target.wants/neutron-
dhcp-agent.service to /usr/lib/systemd/system/neutron-dhcp-agent.service.
    Created symlink from /etc/systemd/system/multi-user.target.wants/neutron-
metadata-agent.service to /usr/lib/systemd/system/neutron-metadata-agent.service.
    Created symlink from /etc/systemd/system/multi-user.target.wants/neutron-
```

```
l3-agent.service to /usr/lib/systemd/system/neutron-l3-agent.service.
```

（2）安装 compute 节点网络服务

在 compute 节点执行脚本安装网络服务。

```
[root@compute ~]# iaas-install-neutron-compute.sh
......
已安装:
  net-tools.x86_64                                0:2.0-0.24.20131004git.el7
openstack-neutron-linuxbridge.noarch 1:12.0.6-1.el7

作为依赖被安装:
  c-ares.x86_64 0:1.10.0-3.el7                        libev.x86_64 0:4.15-7.el7
openpgm.x86_64 0:5.2.122-2.el7          openstack-neutron-common.noarch
1:12.0.6-1.el7    python-beautifulsoup4.noarch 0:4.6.0-1.el7
  python-httplib2.noarch 0:0.9.2-1.el7            python-logutils.noarch
0:0.3.3-3.el7                        python-neutron.noarch   1:12.0.6-1.el7
python-ryu-common.noarch 0:4.15-1.el7          python-simplegeneric.noarch
0:0.8-7.el7
  python-waitress.noarch 0:0.8.9-5.el7            python-webtest.noarch
0:2.0.23-1.el7                    python-werkzeug.noarch   0:0.9.1-2.el7
python-zmq.x86_64                                    0:14.7.0-2.el7
python2-designateclient.noarch 0:2.9.0-1.el7
  python2-gevent.x86_64 0:1.1.2-2.el7        python2-neutron-lib.noarch
0:1.13.0-1.el7            python2-openvswitch.noarch      1:2.9.0-3.el7
python2-os-xenapi.noarch 0:0.3.1-1.el7          python2-osprofiler.noarch
0:1.15.2-1.el7
  python2-ovsdbapp.noarch 0:0.10.3-1.el7            python2-pecan.noarch
0:1.1.2-1.el7                python2-ryu.noarch   0:4.15-1.el7
python2-singledispatch.noarch  0:3.4.0.3-4.el7      python2-tinyrpc.noarch
0:0.5-4.20170523git1f38ac.el7
  python2-weakrefmethod.noarch    0:1.0.2-3.el7              zeromq.x86_64
0:4.0.5-4.el7

完毕!
Created                          symlink                              from
/etc/systemd/system/multi-user.target.wants/neutron-linuxbridge-agent.servic
e to /usr/lib/systemd/system/neutron-linuxbridge-agent.service.
```

（3）验证 Neutron 网络服务

通过命令查询网络服务列表。

```
[root@controller ~]# source /etc/keystone/admin-openrc.sh
[root@controller ~]# neutron agent-list
neutron CLI is deprecated and will be removed in the future. Use openstack
```

```
CLI instead.
    +------------------------------------+--------------------+-----------
-+-------------------+-------+----------------+--------------------------+
    | id                                 | agent_type         | host      |
availability_zone | alive | admin_state_up | binary                   |
    +------------------------------------+--------------------+-----------
-+-------------------+-------+----------------+--------------------------+
    | 2190888f-9245-46dc-a883-d8b06c8ec9b0 | Linux bridge agent | compute   |
| :-)  | True          | neutron-linuxbridge-agent |
    | 5c5a5d33-3b7a-40f9-b568-8e5ed53e1070 | Linux bridge agent | controller |
| :-)  | True          | neutron-linuxbridge-agent |
    | d77113e7-5b46-4228-8fc1-58e09e82eac4 | DHCP agent         | controller |
nova            | :-) | True          | neutron-dhcp-agent        |
    | f0b64236-472a-463a-955b-57c37b3b6a06 | Metadata agent     | controller |
| :-)  | True          | neutron-metadata-agent    |
    +------------------------------------+--------------------+-----------
-+-------------------+-------+----------------+--------------------------+
```

9. 安装 Dashboard 服务

（1）安装 controller 节点 Dashboard 服务
在 controller 节点执行脚本安装 Dashboard 服务。

```
[root@controller ~]# iaas-install-dashboard.sh
......
作为依赖被安装:
    XStatic-Angular-common.noarch                      1:1.5.8.0-1.el7
bootswatch-common.noarch                               0:3.3.7.0-1.el7
bootswatch-fonts.noarch 0:3.3.7.0-1.el7
    fontawesome-fonts.noarch                           0:4.4.0-1.el7
fontawesome-fonts-web.noarch                           0:4.4.0-1.el7
fontpackages-filesystem.noarch 0:1.44-8.el7
    mdi-common.noarch                                  0:1.4.57.0-4.el7
mdi-fonts.noarch                                       0:1.4.57.0-4.el7
python-XStatic-Angular-lrdragndrop.noarch 0:1.0.2.2-2.el7
    python-XStatic-Bootstrap-Datepicker.noarch         0:1.3.1.0-1.el7
python-XStatic-Hogan.noarch                            0:2.0.0.2-2.el7
python-XStatic-JQuery-Migrate.noarch 0:1.2.1.1-2.el7
    python-XStatic-JQuery-TableSorter.noarch           0:2.14.5.1-2.el7
python-XStatic-JQuery-quicksearch.noarch               0:2.0.3.1-2.el7
python-XStatic-Magic-Search.noarch 0:0.2.0.1-2.el7
    python-XStatic-Rickshaw.noarch                     0:1.5.0.0-4.el7
python-XStatic-Spin.noarch                             0:1.2.5.2-2.el7
python-XStatic-jQuery.noarch 0:1.10.2.1-1.el7
    python-XStatic-jquery-ui.noarch                    0:1.10.4.1-1.el7
python-bson.x86_64                                     0:3.0.3-1.el7
```

```
python-django-appconf.noarch 0:1.0.1-4.el7
     python-django-horizon.noarch                          1:13.0.2-1.el7
python-django-pyscss.noarch                                0:2.0.2-1.el7
python-lesscpy.noarch 0:0.9j-4.el7
     python-pathlib.noarch                                 0:1.0.1-1.el7
python-pint.noarch                                         0:0.6-2.el7
python-pymongo.x86_64 0:3.0.3-1.el7
     python-semantic_version.noarch                        0:2.4.2-2.el7
python-versiontools.noarch                                 0:1.9.1-4.el7
python2-XStatic.noarch 0:1.0.1-8.el7
     python2-XStatic-Angular.noarch                        1:1.5.8.0-1.el7
python2-XStatic-Angular-Bootstrap.noarch                   0:2.2.0.0-1.el7
python2-XStatic-Angular-FileUpload.noarch 0:12.0.4.0-1.el7
     python2-XStatic-Angular-Gettext.noarch                0:2.3.8.0-1.el7
python2-XStatic-Angular-Schema-Form.noarch     0:0.8.13.0-0.1.pre_review.el7
python2-XStatic-Bootstrap-SCSS.noarch 0:3.3.7.1-2.el7
     python2-XStatic-D3.noarch                             0:3.5.17.0-1.el7
python2-XStatic-Font-Awesome.noarch                        0:4.7.0.0-3.el7
python2-XStatic-JSEncrypt.noarch 0:2.3.1.1-1.el7
     python2-XStatic-Jasmine.noarch                        0:2.4.1.1-1.el7
python2-XStatic-bootswatch.noarch                          0:3.3.7.0-1.el7
python2-XStatic-mdi.noarch 0:1.4.57.0-4.el7
     python2-XStatic-objectpath.noarch          0:1.2.1.0-0.1.pre_review.el7
python2-XStatic-roboto-fontface.noarch                     0:0.5.0.0-1.el7
python2-XStatic-smart-table.noarch 0:1.4.13.2-1.el7
     python2-XStatic-termjs.noarch                         0:0.0.7.0-1.el7
python2-XStatic-tv4.noarch                     0:1.2.7.0-0.1.pre_review.el7
python2-django.noarch 0:1.11.10-1.el7
     python2-django-babel.noarch                           0:0.6.2-1.el7
python2-django-compressor.noarch                           0:2.1-5.el7
python2-rcssmin.x86_64 0:1.0.6-2.el7
     python2-rjsmin.x86_64                                 0:1.0.12-2.el7
python2-scss.x86_64                                        0:1.3.4-6.el7
roboto-fontface-common.noarch 0:0.5.0.0-1.el7
     roboto-fontface-fonts.noarch                          0:0.5.0.0-1.el7
web-assets-filesystem.noarch                               0:5-1.el7
xstatic-angular-bootstrap-common.noarch 0:2.2.0.0-1.el7
     xstatic-angular-fileupload-common.noarch              0:12.0.4.0-1.el7
xstatic-angular-gettext-common.noarch                      0:2.3.8.0-1.el7
xstatic-angular-schema-form-common.noarch 0:0.8.13.0-0.1.pre_review.el7
     xstatic-bootstrap-scss-common.noarch                  0:3.3.7.1-2.el7
xstatic-d3-common.noarch                                   0:3.5.17.0-1.el7
xstatic-jasmine-common.noarch 0:2.4.1.1-1.el7
     xstatic-jsencrypt-common.noarch                       0:2.3.1.1-1.el7
xstatic-objectpath-common.noarch               0:1.2.1.0-0.1.pre_review.el7
```

```
xstatic-smart-table-common.noarch 0:1.4.13.2-1.el7
    xstatic-termjs-common.noarch                           0:0.0.7.0-1.el7
xstatic-tv4-common.noarch 0:1.2.7.0-0.1.pre_review.el7
```

（2）验证 Dashboard 服务

通过命令验证 Dashboard 服务。

```
[root@controller ~]# curl -L http://controller/dashboard
```

（3）通过 Web 页面访问 Dashboard 服务

打开浏览器，在地址栏中输入 http://192.168.100.10/dashboard，访问 Dashboard 页面，如图 1-17 所示。

OpenStack
平台使用

图 1-17　OpenStack 登录页面

输入"Domain"域、用户名"admin"、密码"000000"，进入页面登录。登录成功的页面如图 1-18 所示。

图 1-18　OpenStack 项目页面

10. 安装 Cinder 块存储服务

（1）安装 controller 节点块存储服务

在 controller 节点执行脚本安装块存储服务。

```
[root@controller ~]# iaas-install-cinder-controller.sh
……
+--------------+---------------------------------------+
| Field        | Value                                 |
+--------------+---------------------------------------+
| enabled      | True                                  |
| id           | 255e6768d3594ec3a8e9720067ed7e0f      |
| interface    | admin                                 |
| region       | RegionOne                             |
| region_id    | RegionOne                             |
| service_id   | d5995c77755042668a0076df7b58990e      |
| service_name | cinderv3                              |
| service_type | volumev3                              |
| url          | http://controller:8776/v3/%(tenant_id)s |
+--------------+---------------------------------------+
Option "logdir" from group "DEFAULT" is deprecated. Use option "log-dir" from
group "DEFAULT".
Created symlink from /etc/systemd/system/multi-user.target.wants/openstack-
cinder-api.service to /usr/lib/systemd/system/openstack-cinder-api.service.
Created symlink from /etc/systemd/system/multi-user.target.wants/openstack-
cinder-scheduler.service to /usr/lib/systemd/system/openstack-cinder-scheduler.
service.
```

（2）安装 compute 节点块存储服务

在 compute 节点执行脚本安装块存储服务。

```
[root@compute ~]# iaas-install-cinder-compute.sh
……
已安装:
  openstack-cinder.noarch                                    1:12.0.7-1.el7
python-keystone.noarch                                       1:13.0.2-2.el7
targetcli.noarch 0:2.1.fb46-7.el7

作为依赖被安装:
  libnl.x86_64  0:1.1.4-3.el7                        libtomcrypt.x86_64
0:1.17-33.20170623gitcd6e602.el7        libtommath.x86_64       0:1.0-8.el7
python-cinder.noarch 1:12.0.7-1.el7          python-configshell.noarch
1:1.1.fb23-5.el7
  python-ethtool.x86_64  0:0.8-7.el7              python-jwcrypto.noarch
0:0.4.2-1.el7                        python-kmod.x86_64  0:0.9-4.el7
```

python-ldappool.noarch 0:1.0-4.el7                    python-repoze-who.noarch
0:2.1-1.el7
    python-rtslib.noarch    0:2.1.fb63-13.el7            python-urwid.x86_64
0:1.1.1-3.el7                    python-zope-interface.x86_64 0:4.0.5-4.el7
python2-barbicanclient.noarch  0:4.6.1-1.el7            python2-bcrypt.x86_64
0:3.1.2-3.el7
    python2-crypto.x86_64  0:2.6.1-15.el7          python2-defusedxml.noarch
0:0.5.0-2.el7                    python2-gflags.noarch  0:2.0-5.el7
python2-google-api-client.noarch 0:1.4.2-4.el7  python2-oauth2client.noarch
0:1.5.2-3.el7.1
    python2-oauthlib.noarch  0:2.0.1-8.el7            python2-passlib.noarch
0:1.7.0-4.el7                python2-pyasn1-modules.noarch 0:0.1.9-7.el7
python2-pysaml2.noarch  0:3.0.2-2.el7            python2-scrypt.x86_64
0:0.8.0-2.el7
    python2-swiftclient.noarch 0:3.5.0-1.el7  python2-uri-templates.noarch
0:0.6-5.el7

完毕!
    Physical volume "/dev/sdb1" successfully created.
    Volume group "cinder-volumes" successfully created
    Created symlink from /etc/systemd/system/multi-user.target.wants/openstack-cinder-volume.service to /usr/lib/systemd/system/openstack-cinder-volume.service.
    Created symlink from /etc/systemd/system/multi-user.target.wants/target.service to /usr/lib/systemd/system/target.service.

（3）验证块存储服务
通过命令验证块存储服务。

```
[root@controller ~]# source /etc/keystone/admin-openrc.sh
[root@controller ~]# cinder list
+----+--------+------+------+-------------+----------+-------------+
| ID | Status | Name | Size | Volume Type | Bootable | Attached to |
+----+--------+------+------+-------------+----------+-------------+
+----+--------+------+------+-------------+----------+-------------+
```

11. 安装 Swift 对象存储服务

（1）安装 controller 节点对象存储服务
在 controller 节点执行脚本安装存储服务。

```
[root@controller ~]# iaas-install-swift-controller.sh
……
/etc/swift ~
Device d0r1z1-192.168.100.20:6002R192.168.100.20:6002/sdb2_"" with 100.0 weight got id 0
account.builder, build version 1, id 326da18ef952403caa47f38050d56393
```

262144 partitions, 1.000000 replicas, 1 regions, 1 zones, 1 devices, 100.00 balance, 0.00 dispersion

The minimum number of hours before a partition can be reassigned is 1(0:00:00 remaining)

The overload factor is 0.00%(0.000000)

Ring file account.ring.gz not found, probably it hasn't been written yet

Devices:　id region zone　　ip address:port replication ip:port　name weight partitions balance flags meta

　　　　　　0　　1　　1 192.168.100.20:6002 192.168.100.20:6002　sdb2 100.00 0 -100.00

Reassigned 262144(100.00%) partitions. Balance is now 0.00. Dispersion is now 0.00

Device d0r1z1-192.168.100.20:6001R192.168.100.20:6001/sdb2_"" with 100.0 weight got id 0

container.builder, build version 1, id b0f3be23e51c4e33ae5b0c7a6ee4244c

1024 partitions, 1.000000 replicas, 1 regions, 1 zones, 1 devices, 100.00 balance, 0.00 dispersion

The minimum number of hours before a partition can be reassigned is 1(0:00:00 remaining)

The overload factor is 0.00%(0.000000)

Ring file container.ring.gz not found, probably it hasn't been written yet

Devices:　id region zone　　ip address:port replication ip:port　name weight partitions balance flags meta

　　　　　　0　　1　　1 192.168.100.20:6001 192.168.100.20:6001　sdb2 100.00 0 -100.00

Reassigned 1024(100.00%) partitions. Balance is now 0.00. Dispersion is now 0.00

Device d0r1z1-192.168.100.20:6000R192.168.100.20:6000/sdb2_"" with 100.0 weight got id 0

object.builder, build version 1, id fbba0f169d6c4defaf33b42b2ffc8126

1024 partitions, 1.000000 replicas, 1 regions, 1 zones, 1 devices, 100.00 balance, 0.00 dispersion

The minimum number of hours before a partition can be reassigned is 1(0:00:00 remaining)

The overload factor is 0.00%(0.000000)

Ring file object.ring.gz not found, probably it hasn't been written yet

Devices:　id region zone　　ip address:port replication ip:port　name weight partitions balance flags meta

　　　　　　0　　1　　1 192.168.100.20:6000 192.168.100.20:6000　sdb2 100.00 0 -100.00

Reassigned 1024(100.00%) partitions. Balance is now 0.00. Dispersion is now 0.00

　　~

Created symlink from /etc/systemd/system/multi-user.target.wants/openstack-swift-proxy.service to /usr/lib/systemd/system/openstack-swift-proxy.service.

（2）安装 compute 节点对象存储服务

在 compute 节点执行脚本安装对象存储服务。

```
[root@compute ~]# iaas-install-swift-compute.sh
……
Created symlink from /etc/systemd/system/multi-user.target.wants/rsyncd.
service to /usr/lib/systemd/system/rsyncd.service.
Created symlink from /etc/systemd/system/multi-user.target.wants/openstack-
swift-account.service to /usr/lib/systemd/system/openstack-swift-account.service.
Created symlink from /etc/systemd/system/multi-user.target.wants/openstack-
swift-account-auditor.service to /usr/lib/systemd/system/openstack-swift-
account-auditor.service.
Created symlink from /etc/systemd/system/multi-user.target.wants/openstack-
swift-account-reaper.service to /usr/lib/systemd/system/openstack-swift-account-
reaper.service.
Created symlink from /etc/systemd/system/multi-user.target.wants/openstack-
swift-account-replicator.service to /usr/lib/systemd/system/openstack-swift-
account-replicator.service.
Created symlink from /etc/systemd/system/multi-user.target.wants/openstack-
swift-container.service to /usr/lib/systemd/system/openstack-swift-container.
service.
Created symlink from /etc/systemd/system/multi-user.target.wants/openstack-
swift-container-auditor.service to /usr/lib/systemd/system/openstack-swift-
container-auditor.service.
Created symlink from /etc/systemd/system/multi-user.target.wants/openstack-
swift-container-replicator.service to /usr/lib/systemd/system/openstack-swift-
container-replicator.service.
Created symlink from /etc/systemd/system/multi-user.target.wants/openstack-
swift-container-updater.service to /usr/lib/systemd/system/openstack-swift-
container-updater.service.
Created symlink from /etc/systemd/system/multi-user.target.wants/openstack-
swift-object.service to /usr/lib/systemd/system/openstack-swift-object.service.
Created symlink from /etc/systemd/system/multi-user.target.wants/openstack-
swift-object-auditor.service to /usr/lib/systemd/system/openstack-swift-object-
auditor.service.
Created symlink from /etc/systemd/system/multi-user.target.wants/openstack-
swift-object-replicator.service to /usr/lib/systemd/system/openstack-swift-
object-replicator.service.
Created symlink from /etc/systemd/system/multi-user.target.wants/openstack-
swift-object-updater.service to /usr/lib/systemd/system/openstack-swift-object-
updater.service.
```

（3）验证对象存储服务

通过命令验证对象存储服务。

```
[root@controller ~]# source /etc/keystone/admin-openrc.sh
[root@controller ~]# swift stat
            Account: AUTH_563a1bd3cee84608913f046e5a39fffd
         Containers: 0
            Objects: 0
              Bytes: 0
     X-Put-Timestamp: 1611626139.73611
        X-Timestamp: 1611626139.73611
        X-Trans-Id: txac15fae590dc43918cd21-00600f7697
       Content-Type: text/plain; charset=utf-8
X-Openstack-Request-Id: txac15fae590dc43918cd21-00600f7697
```

## 归纳总结

通过本单元的学习，读者应该对云计算、OpenStack、虚拟化有了一定的认识，也熟悉了云计算和虚拟化的重要概念。通过实操练习，读者应掌握部署 OpenStack 平台的步骤，但对于 OpenStack 的学习和使用不仅仅只是部署安装这么简单，在后面的学习中，将进一步学习 OpenStack 平台的认证、镜像、网络、计算、存储等内容。

## 课后练习

### 一、判断题

1. 在进行 IaaS 平台系统准备的过程中，安装 MySQL 组件前必须先安装 Keystone 组件。
（　　）

2. Keystone 组件的作用是为 OpenStack 平台提供应用服务。（　　　）

### 二、单项选择题

1. 在 IaaS 平台系统准备中，yum 源文件所在的路径为（　　　）。

A. /etc/yum.d/　　　　　　　　　　　B. /etc/yum.repos.d/

C. /etc/yum.repo.d/　　　　　　　　　D. /etc/repo.yum.d/

2. 以下哪个服务为 OpenStack 平台提供了镜像服务？（　　　）

A. Keystone　　　　　　　　　　　　B. Neutron

C. Glance　　　　　　　　　　　　　D. KVM

### 三、多项选择题

1. 云计算的服务类型有哪些？（　　　）

A. IaaS　　　　　　　　　　　　　　B. Caas

C. PaaS　　　　　　　　　　　　　　D. SaaS

2. 下列选项当中，哪些是云计算的部署模型？（　　）

A. 公有云 　　　　　　　　　　　B. 私有云

C. 混合云 　　　　　　　　　　　D. 在线云

## 技能训练

1. 使用数据库的相关命令查询数据库的编码方式。

2. 使用 Nova 相关命令，查询 Nova 所有服务状态。

# 单元 2　OpenStack 中的认证服务运维

## 学习目标

通过本单元的学习，使读者能了解 Keystone 组件的功能及其与 OpenStack 之间的调用流程，掌握 OpenStack 组件在认证时与 Keystone 组件的交互关系。同时本单元介绍了 Keystone 的基本概念，对 Keystone 组件的功能也做了介绍。通过 Keystone 认证服务使用和运维案例，培养读者使用 Keystone 命令管理认证的技能，培养读者对 Keystone 组件实践和拓展的能力。

## 2.1　Keystone 认证服务

### 2.1.1　OpenStack Keystone 简介

Keystone 服务
运维与排错
（认证服务）

Keystone（OpenStack Identity Service）是 OpenStack 框架中负责管理身份验证、服务规则和服务令牌功能的模块。用户访问资源需要验证用户的身份与权限，服务执行操作也需要进行权限检测，这些都需要通过 Keystone 来处理。Keystone 类似一个服务总线，或者说是整个 OpenStack 框架的注册表，其他服务通过 Keystone 来注册其服务的 Endpoint（服务访问的 URL）。任何服务之间的相互调用，都需要经过 Keystone 的身份验证，来获得目标服务的 Endpoint 来找到目标服务。

### 2.1.2　Keystone 的功能

#### 1. OpenStack 如何调用 Keystone 组件

OpenStack 是一个 SOA 架构，各个项目独立地提供相关的服务，且互不依赖，如 Nova 提供计算服务，Glance 提供镜像服务等。它们防止耦合且扩展性不高，实际上所有的组件都依赖 Keystone，它有以下两个功能。

① 用户管理：验证用户身份信息合法性。

② 服务目录管理：提供各个服务目录的服务（Service Catalog，包括 Service 和 Endpoint），无论何种服务或者客户访问 OpenStack 都要访问 Keystone 获取服务列表，以及每个服务的 Endpoint。

如图 2-1 所示的是计算服务 Nova 与 Keystone 组件之间的工作流程关系。

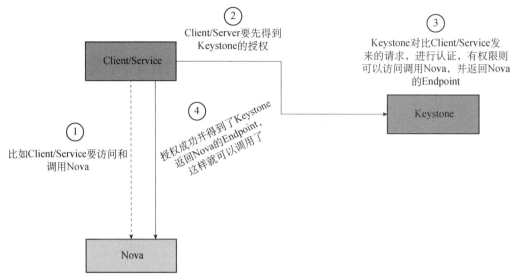

图 2-1　计算服务 Nova 与 Keystone 组件之间的工作流程关系

2. Keystone 基本概念介绍

（1）User

User 即用户，指的是使用 OpenStack Service 的用户，可以是人、服务、系统，就是说只要是访问 OpenStack Service 的对象都可以称为 User。

（2）Credentials

用于确认用户身份的凭证，它可以是：

① 用户名和密码。

② 用户名跟 API Key（秘钥）。

③ 一个 Keystone 分配的身份的 Token。

（3）Authentication

① 用户身份验证的过程。OpenStack 服务通过检查用户的 Credentials 来确定用户的身份。

② 第一次验证身份时使用用户名与密码或者用户名与 API Key 的形式。当用户的 Credentials 被验证后，Keystone 会给用户分配一个 Authentication Token 供该用户进行后续请求操作。

（4）Token

① Token 是当用户访问资源时需要使用的一串数字字符串。在 Keystone 中，主要是引入令牌机制来保护用户对资源的访问，同时引入 PKI、PKIZ、fernet、UUID 其中的一个随机加密产生一串数字，对令牌加以保护。

② Token 并不是长久有效的，它是有时效性的，在有效的时间内用户可以访问资源。

（5）Role

① 本身是一堆 ACL 集合，主要用于权限的划分。

② 可以给 User 指定 Role，使 User 获得 Role 对应的操作权限。

③ 系统默认使用管理 Role 的角色，管理员用户为 Admin，普通用户为 User。

④ User 验证的时候必须带有 Project。

Keystone 组件前 5 步的认证过程如图 2-2 所示。

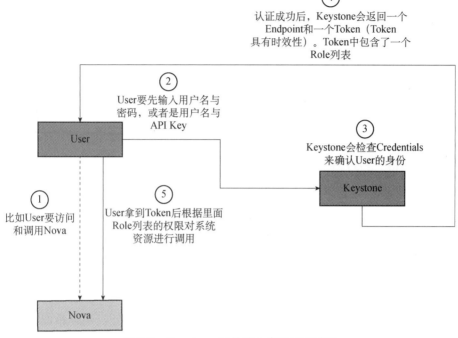

图 2-2　Keystone 组件前 5 步认证的过程

（6）Policy

① 对于 Keystone Service 来说，Policy 就是一个 JSON 文件，rpm 默认安装在/etc/keyston/policy.json 中。通过配置这个文件，Keystone 实现了对 User 基于 Role 的权限管理（User ← Role（ACL）← Policy）。

② Policy 用来控制 User 对 Project（Tenant）中资源的操作权限。

（7）Project（Tenant）

① Project（Tenant）是一个人或服务所拥有的资源集合。不同的 Project 之间资源是隔离的，资源可以设置配额。

② Project（Tenant）中可以有多个 User，每一个 User 会根据权限的划分来使用 Project（Tenant）中的资源。

③ User 在使用 Project（Tenant）的资源前，必须要与这个 Project 关联，并且指定 User 在 Project 下的 Role、一个 Assignment（关联）即 Project-User-Role。

（8）Service

Service 即服务，如 Nova、Glance 等各个组件。

（9）Endpoint

① 用来通过访问和定位某个 OpenStack Service 的地址，通常是一个 URL。

② 不同的 Region 有不同的 Endpoint（Region 使用于跨地域的云服务中，比如阿里云有华北区域、华东区域等几个 URL）。

③ 任何服务访问 OpenStack Service 中的资源时，都要访问 Keystone。

④ Endpoint 分为以下三类：

● admin URL：管理员用户使用的 Port 为 35357。

● internal URL：OpenStack 内部组件间互相通信，其 Port 为 5000（组件之间通信基于 Restful API）。

● public URL：其他用户访问地址，其 Port 为 5000。

## 2.2　Keystone 认证服务的使用和运维

Keystone 服务
运维与排错

### 1. 规划节点

OpenStack 环境节点规划见表 2-1\*。

表 2-1　OpenStack 环境节点规划

| IP 地址 | 主机名 | 节点 |
| --- | --- | --- |
| 192.168.100.10 | controller | controller |
| 192.168.100.20 | compute | compute |

### 2. 基础准备

使用本地 PC 环境下由 VMware Workstation 软件启动的双台虚拟机来构建 OpenStack 平台环境，此案例在 OpenStack 环境中进行。

### 3. Token 令牌

在安装 Keystone 服务之后，产生的主配置文件存放在/etc/keystone 目录中，名为 "keystone.conf"，在配置文件中需要配置初始的 Token 值和数据库的连接地址。可以通过请求身份令牌来验证服务，使用安装时创建的用户名、密码来获取身份令牌。

```
[root@controller ~]# openstack --os-username admin --os-password 000000 --
os-auth-url  http://controller:35357/v3  --os-project-domain-name  demo  --os-
project-name admin --os-user-domain-name demo --os-region-name RegionOne --os-
identity-api-version 3  token issue
    +-----------+----------------------------------------------------------
-------------------------------------------------------------------------------
--------------------------------------------------+
    | Field     | Value     |
    +-----------+----------------------------------------------------------
-------------------------------------------------------------------------------
--------------------------------------------------+
    | expires   | 2021-01-26T12:21:38+0000    |
    | id        | gAAAAABgD_tCVo22NNxl1RJj-jJZwV_qpjdSyA4VNDx79sFgSYxM0Mmwaq_
pNu3Jz5uoC4qHSpSzv0yixBsfaGJ4Evj8wCHkxcW1XI8awgD79eUh9D-qz_zgO8u_6VEzJorShrQ
UtX4RmLBJ---hsnUOSRlcG6KwZshdHXh9AjRPtSlHIX1itho |
```

---

\* 注：这里的表格与表 1-1 相同，为了保持每个单元的配置流程的完整性，这里保留，其他单元类似，同时有些步骤重复也保留。

```
| project_id | f3a4fbd6a85848be8aab2773fdbcaf2f         |
| user_id    | 021345ec92234b928241f3cff167eb17         |
  +-----------+---------------------------------------------
```

认证服务在 OpenStack 中充当着重要的角色，用户在调度各个服务时均要通过认证服务的认证，故要获取认证服务提供的 Token 值。上面是通过用户身份信息获取令牌 Token 的过程，下面通过获取到的 Token 令牌来查询 Nova 的服务列表信息。

```
TOKEN=$(openstack --os-username admin --os-password 000000 --os-auth-url
http://controller:35357/v3 --os-project-domain-name demo  --os-project-name
admin --os-user-domain-name demo  --os-region-name RegionOne --os-identity-
api-version 3  token issue | grep -w id |awk -F '|' '{print $3}')
  [root@controller ~]#  curl -g -i -X GET http://controller:8774/v2.1/os-
services -H "User-Agent: python-novaclient" -H "Accept: application/json" -H
"X-Auth-Token: $TOKEN"
  HTTP/1.1 200 OK
  Content-Length: 932
  Content-Type: application/json
  Openstack-Api-Version: compute 2.1
  X-Openstack-Nova-Api-Version: 2.1
  Vary: OpenStack-API-Version
  Vary: X-OpenStack-Nova-API-Version
  X-Openstack-Request-Id: req-7d6e70b4-a76a-45fb-8a53-5ec91a6b459c
  X-Compute-Request-Id: req-7d6e70b4-a76a-45fb-8a53-5ec91a6b459c
  Date: Tue, 26 Jan 2021 16:18:58 GMT
```

{"services": [{"status": "enabled", "binary": "nova-consoleauth", "host": "controller", "zone": "internal", "state": "up", "disabled_reason": null, "id": 1, "updated_at": "2021-01-26T16:18:54.000000"}, {"status": "enabled", "binary": "nova-scheduler", "host": "controller", "zone": "internal", "state": "up", "disabled_reason": null, "id": 2, "updated_at": "2021-01-26T16:18:57.000000"}, {"status": "enabled", "binary": "nova-conductor", "host": "controller", "zone": "internal", "state": "up", "disabled_reason": null, "id": 3, "updated_at": "2021-01-26T16:18:52.000000"}, {"status": "enabled", "binary": "nova-compute", "host": "compute", "zone": "nova", "state": "up", "disabled_reason": null, "id": 9, "updated_at": "2021-01-26T16:18:49.000000"}, {"status": "enabled", "binary": "nova-compute", "host": "controller", "zone": "nova", "state": "up", "disabled_reason": null, "id": 10, "updated_at": "2021-01-26T16:18:53.000000"}]}

在使用 OpenStack 命令时，为了方便，可以将用户信息保存在一个文件中，只要使用命令时生效文件中的环境变量即可。在安装好的 OpenStack 平台中运行/etc/keystone/admin-openrc.sh 文件，可以设定环境变量。

```
[root@controller ~]# cat /etc/keystone/admin-openrc.sh
export OS_PROJECT_DOMAIN_NAME=demo
export OS_USER_DOMAIN_NAME=demo
export OS_PROJECT_NAME=admin
export OS_USERNAME=admin
export OS_PASSWORD=000000
export OS_AUTH_URL=http://controller:35357/v3
export OS_IDENTITY_API_VERSION=3
export OS_IMAGE_API_VERSION=2
export OS_REGION_NAME=RegionOne
```

执行命令，生效用户环境变量文件，使用 OpenStack 命令查询 Nova 服务列表。

```
[root@controller ~]# source /etc/keystone/admin-openrc.sh
[root@controller ~]# nova service-list
+--------------------------------------+------------------+------------+----------+---------+-------+----------------------------+-----------------+-------------+
| Id                                   | Binary           | Host       | Zone     | Status  | State | Updated_at                 | Disabled Reason | Forced down |
+--------------------------------------+------------------+------------+----------+---------+-------+----------------------------+-----------------+-------------+
| 81700f19-728a-478f-bdbb-5845e45d062b | nova-consoleauth | controller | internal | enabled | up    | 2021-01-26T16:46:14.000000 | -               | False       |
| 4613e7b0-e470-439b-89b7-8c14877527be | nova-scheduler   | controller | internal | enabled | up    | 2021-01-26T16:46:18.000000 | -               | False       |
| b4353e90-6f49-44bf-8dc2-40a5ea8d41d6 | nova-conductor   | controller | internal | enabled | up    | 2021-01-26T16:46:20.000000 | -               | False       |
| 518418bb-919d-48db-81c4-a388f2c78bd8 | nova-compute     | compute    | nova     | enabled | up    | 2021-01-26T16:46:18.000000 | -               | False       |
| 4a1b5ab8-af9a-4ff5-941a-2b8de4d2ea6a | nova-compute     | controller | nova     | enabled | up    | 2021-01-26T16:46:13.000000 | -               | False       |
+--------------------------------------+------------------+------------+----------+---------+-------+----------------------------+-----------------+-------------+
```

4. 管理认证用户

用户可以通过认证登录系统并调用资源。为方便管理，用户被分配到一个或多个项目（Project），项目是用户的集合。为给用户分配不同的权限，Keystone 设置了角色（Role），角色代表用户可以访问的资源等权限。用户可以被添加到任意一个全局的或项目内的角色中。在全局的角色中，用户的角色权限作用于所有的用户，即可以对所有的用户执行角色规定的权限；项目内的角色，用户仅能在当前项目内执行角色规定的权限。

（1）创建用户

创建用户需要用户名称、密码、邮件以及域等信息，具体格式如下：

```
[root@controller ~]# openstack help user create
usage: openstack user create [-h] [-f {json,shell,table,value,yaml}]
                             [-c COLUMN] [--max-width <integer>] [--fit-width]
                             [--print-empty] [--noindent] [--prefix PREFIX]
                             [--domain <domain>] [--project <project>]
                             [--project-domain <project-domain>]
                             [--password <password>] [--password-prompt]
                             [--email <email-address>]
                             [--description <description>]
                             [--enable | --disable] [--or-show]
                             <name>
```

通过命令创建一个名为"alice"的账户，密码为"mypassword"，邮箱为"alice@example.com"，域为"demo"。

```
[root@controller ~]# openstack user create --password mypassword --email
alice@example.com --domain demo alice
+---------------------+----------------------------------+
| Field               | Value                            |
+---------------------+----------------------------------+
| domain_id           | 362fafdb6a4046f1874757d26e183b80 |
| email               | alice@example.com                |
| enabled             | True                             |
| id                  | f45121546f824325a212f36305520f0b |
| name                | alice                            |
| options             | {}                               |
| password_expires_at | None                             |
+---------------------+----------------------------------+
```

（2）创建项目

当请求 OpenStack 服务时，必须定义一个项目。创建项目时需要项目名等相关信息，具体格式如下：

```
[root@controller ~]# openstack help project create
usage: openstack project create [-h] [-f {json,shell,table,value,yaml}]
                                [-c COLUMN] [--max-width <integer>]
                                [--fit-width] [--print-empty] [--noindent]
                                [--prefix PREFIX] [--domain <domain>]
                                [--parent <project>]
                                [--description <description>]
                                [--enable | --disable]
                                [--property <key=value>] [--or-show]
                                <project-name>
```

创建一个名为"acme"的项目。

```
[root@controller ~]# openstack project create --domain demo acme
+-------------+----------------------------------+
| Field       | Value                            |
+-------------+----------------------------------+
| description |                                  |
| domain_id   | 362fafdb6a4046f1874757d26e183b80 |
| enabled     | True                             |
| id          | 56222b72c6c043dfa33894b9e26f126d |
| is_domain   | False                            |
| name        | acme                             |
| parent_id   | 362fafdb6a4046f1874757d26e183b80 |
| tags        | []                               |
+-------------+----------------------------------+
```

（3）创建角色

角色限定了用户的操作权限。创建角色需要角色名称、域等信息，具体格式如下：

```
[root@controller ~]# openstack help role create
usage: openstack role create [-h] [-f {json, shell, table, value, yaml}]
                             [-c COLUMN] [--max-width <integer>] [--fit-width]
                             [--print-empty] [--noindent] [--prefix PREFIX]
                             [--domain <domain>] [--or-show]
                             <role-name>
```

创建一个角色"compute-user"。

```
[root@controller ~]# openstack role create --domain demo compute-user
+-----------+----------------------------------+
| Field     | Value                            |
+-----------+----------------------------------+
| domain_id | 362fafdb6a4046f1874757d26e183b80 |
| id        | ecb9d1297c8944b2b6b25f1aa1f2d8d2 |
| name      | compute-user                     |
+-----------+----------------------------------+
```

（4）绑定用户和项目权限

添加的用户需要分配一定的权限，这就需要把用户关联绑定到对应的项目和角色。绑定用户权限时需要用户名称、角色名称和项目名称等信息，具体命令格式如下：

```
[root@controller ~]# openstack help role add
usage: openstack role add [-h] [--domain <domain> | --project <project>]
                          [--user <user> | --group <group>]
                          [--group-domain <group-domain>]
                          [--project-domain <project-domain>]
                          [--user-domain <user-domain>] [--inherited]
                          [--role-domain <role-domain>]
```

```
                              <role>
```

给用户"alice"分配"acme"项目下的"compute-user"角色，命令如下：

```
[root@controller ~]# openstack role add --role-domain demo --user alice --
project acme compute-user
```

（5）查询用户角色信息

分配权限后可通过命令查看用户角色信息，命令格式如下：

```
[root@controller ~]# openstack help role list
usage: openstack role list [-h] [-f {csv, json, table, value, yaml}] [-c COLUMN]
                           [--max-width <integer>] [--fit-width]
                           [--print-empty] [--noindent]
                           [--quote {all, minimal, none, nonnumeric}]
                           [--sort-column SORT_COLUMN]
                           [--domain <domain> | --project <project>]
                           [--user <user> | --group <group>]
                           [--group-domain <group-domain>]
                           [--project-domain <project-domain>]
                           [--user-domain <user-domain>] [--inherited]
```

查询用户"alice"在项目"acme"下的角色身份，命令如下：

```
[root@controller ~]# openstack role list --user alice --project acme
Listing assignments using role list is deprecated. Use role assignment list
--user <user-name> --project <project-name> --names instead.
+----------------------------------+--------------+---------+-------+
| ID                               | Name         | Project | User  |
+----------------------------------+--------------+---------+-------+
| ecb9d1297c8944b2b6b25f1aa1f2d8d2 | compute-user | acme    | alice |
+----------------------------------+--------------+---------+-------+
```

可以看到命令提示：不建议使用"openstack role list"命令来显示，可以使用"openstack role assignment list"命令格式来显示，执行命令如下：

```
[root@controller ~]# openstack role assignment list --user alice --project
acme --names
+--------------+------------+-------+-----------+--------+-----------+
| Role         | User       | Group | Project   | Domain | Inherited |
+--------------+------------+-------+-----------+--------+-----------+
| compute-user | alice@demo |       | acme@demo |        | False     |
+--------------+------------+-------+-----------+--------+-----------+
```

*5. 管理认证服务*

OpenStack 为每一个服务提供一个用于访问的端点（Endpoint）。如果需要访问服务，则必须知道它的端点。端点一般为 URL，知道服务的 URL，就可以访问它。端点的 URL 具有 public、private 和 admin 三种权限。public URL 可以被全局访问，private URL 只能被局域网访问，admin URL 将被从常规的访问中分离出来。

（1）管理服务

管理 OpenStack 平台中需要接受访问的服务，在创建访问端点前需要先创建服务，创建格式如下：

```
[root@controller ~]# openstack help service create
usage:  openstack service create [-h] [-f {json, shell, table, value, yaml}]
                                 [-c COLUMN] [--max-width <integer>]
                                 [--fit-width] [--print-empty] [--noindent]
                                 [--prefix PREFIX] [--name <name>]
                                 [--description <description>]
                                 [--enable | --disable]
                                 <type>
```

其中部分参数说明如下：

--name <name>:创建的服务名称。

--enable | --disable:服务状态。

--description <description> 创建服务描述。

通过命令查询当前管理的服务列表，可以看到当前 OpenStack 平台中所创建的服务，命令如下：

```
[root@controller ~]# openstack service list
+----------------------------------+------------+----------------+
| ID                               | Name       | Type           |
+----------------------------------+------------+----------------+
| 0bf2be4f3c3a4190a9636b4feb37cea6 | keystone   | identity       |
| 29ff07d8f41f4a0d98d1da8ecb07eca3 | nova       | compute        |
| 4bace7520d2544c2960d6505b2dcbbc2 | cinderv3   | volumev3       |
| 5180b8dd4dff440a84607831b5d7f0af | placement  | placement      |
| 7556d8ead6414da9a02a24db04bff98b | glance     | image          |
| 83fcdb4586a74805a0aaad918dcd8142 | swift      | object-store   |
| 88d6e8819f8b4cd1992ba14f36ef72a9 | neutron    | network        |
| a546e1a41d294273b306bfe93ccd0f07 | cinder     | volume         |
| b63e990c79254a1fb6e1e4176563678a | heat-cfn   | cloudformation |
| c4247540c6d344249aae474dbd0fb279 | heat       | orchestration  |
| e8c38c67bc5b4f0698dc696a8242ad75 | cinderv2   | volumev2       |
+----------------------------------+------------+----------------+
```

（2）管理服务访问端点

服务访问端点是一个服务提供出来的端点 URL，用于提供给外部进行访问。创建服务端点的命令格式如下：

```
[root@controller ~]# openstack help endpoint create
usage: openstack endpoint create [-h] [-f {json,shell,table,value,yaml}]
                                 [-c COLUMN] [--max-width <integer>]
                                 [--fit-width] [--print-empty] [--noindent]
                                 [--prefix PREFIX] [--region <region-id>]
                                 [--enable | --disable]
                                 <service> <interface> <url>
```

其中部分参数说明如下：

```
--region <region-id>:创建端点的区域 id。
--enable | --disable:端点启动状态。
<service>:端点创建的使用服务名称。
<interface>:端点的接口。
<url>:端点的访问地址。
```

通过命令查询 OpenStack 所有服务的访问端点，命令如下：

```
[root@controller ~]# openstack endpoint list
+----------------------------------+-----------+--------------+---------
-------+---------+-----------+------------------------------------------+
| ID                               | Region    | Service Name | Service Type |
Enabled | Interface | URL                                                |
+----------------------------------+-----------+--------------+-------------
----+---------+-----------+------------------------------------------------+
| 027d1ab9dfa147858dd3cebd8cad4857 | RegionOne | cinderv2     | volumev2
| True    | internal  | http://controller:8776/v2/%(tenant_id)s            |
| 18573e097e524f6d98278e6b9e528bd6 | RegionOne | glance       | image
| True    | admin     | http://controller:9292                             |
| 333be1dea1cf43ea85000142637c9435 | RegionOne | placement    | placement
| True    | public    | http://controller:8778                             |
| 3781f65eedad4ee6a9ec86f9a2560d22 | RegionOne | cinderv2     | volumev2
| True    | admin     | http://controller:8776/v2/%(tenant_id)s            |
| 389a66b300ff4b43808c210b396c1ab7 | RegionOne | nova         | compute
| True    | public    | http://controller:8774/v2.1                        |
| 5003bd814e624a69a3d2e9f4060a95de | RegionOne | heat         | orchestration
| True    | internal  | http://controller:8004/v1/%(tenant_id)s            |
| 518d39f73f044debb817504376d783bb | RegionOne | keystone     | identity
| True    | internal  | http://controller:5000/v3                          |
| 5205801e832a443fb23ccfb023e67928 | RegionOne | cinderv3     | volumev3
| True    | internal  | http://controller:8776/v3/%(tenant_id)s            |
| 5f2127855b0f4dcca1cec24ba93bf7f9 | RegionOne | heat-cfn     |
```

```
cloudformation | True   | internal | http://controller:8000/v1                    |
      | 602fae918e3a47c4bdaaf76e19b0134b | RegionOne | neutron      | network
| True   | internal | http://controller:9696                    |
      | 680536ee963e4938aa0683c145ec0542 | RegionOne | glance       | image
| True   | internal | http://controller:9292                    |
      | 7445258624374e8d9c36a86167b073ab | RegionOne | neutron      | network
| True   | admin   | http://controller:9696                    |
      | 77ca9a880ffb49b4a28d7293945b5d54 | RegionOne | placement    | placement
| True   | internal | http://controller:8778                   |
      | 7e55341ce887411a92304b19105fa155 | RegionOne | heat        | orchestration
| True   | public  | http://controller:8004/v1/%(tenant_id)s     |
      | 834bc1f1b5ca464daf21e36cacbe72e0 | RegionOne | cinder      | volume
| True   | internal | http://controller:8776/v1/%(tenant_id)s     |
      | 864723d6f2e14d2f80948d91268e406e | RegionOne | heat-cfn     |
cloudformation | True   | admin   | http://controller:8000/v1                    |
      | a56770fe36a445f093e1b78948aaedd6 | RegionOne | placement    | placement
| True   | admin   | http://controller:8778                   |
      | ab20b9d39b834ebd994132fab3f06858 | RegionOne | swift       | object-store
| True   | internal | http://controller:8080/v1/AUTH_%(tenant_id)s |
      | ac3e5a08c04a414fa118681ae181c1ef | RegionOne | cinderv3     | volumev3
| True   | admin   | http://controller:8776/v3/%(tenant_id)s     |
      | ad137bbb69d240aab4d83b2636227e16 | RegionOne | neutron      | network
| True   | public  | http://controller:9696                    |
      | bc587c71bcec427b87e4678ca7b3ce64 | RegionOne | keystone     | identity
| True   | public  | http://controller:5000/v3                 |
      | bf3a5dfc4a604d5dbdc71994867f8323 | RegionOne | cinderv2     | volumev2
| True   | public  | http://controller:8776/v2/%(tenant_id)s     |
      | c2be6dfe7b8d4b25909aedcc28245709 | RegionOne | nova       | compute
| True   | internal | http://controller:8774/v2.1                |
      | cb8abcab91e5410d96155330644cd9ed | RegionOne | keystone     | identity
| True   | admin   | http://controller:35357/v3                |
      | da5c8fd6885143999d54aaf8c9f9f240 | RegionOne | heat        | orchestration
| True   | admin   | http://controller:8004/v1/%(tenant_id)s     |
      | dd39612d1efc4f38826ee635372e3ca4 | RegionOne | cinderv3     | volumev3
| True   | public  | http://controller:8776/v3/%(tenant_id)s     |
      | dfe12bd08878410d819c0062aea23cda | RegionOne | glance       | image
| True   | public  | http://controller:9292                    |
      | e26bf065f6f54cdd814a6f34598a454d | RegionOne | heat-cfn     |
cloudformation | True   | public  | http://controller:8000/v1                    |
      | e2b5c5ba31e2486f9f2a3abb6c0b88ef | RegionOne | swift       | object-store
| True   | public  | http://controller:8080/v1/AUTH_%(tenant_id)s |
      | e3b65e96fdc24ae898434ae307e7fb8b | RegionOne | cinder      | volume
| True   | public  | http://controller:8776/v1/%(tenant_id)s     |
      | e4223ff357274ce5b843f0c2cd425091 | RegionOne | swift       | object-store
```

```
| True   | admin   | http://controller:8080/v1                      |
  | e96ba00afd6541fb80a0c15365b367d9 | RegionOne | nova       | compute
| True   | admin   | http://controller:8774/v2.1                    |
  | f3b43a32732c41898eea46eebaa60a12 | RegionOne | cinder     | volume
| True   | admin   | http://controller:8776/v1/%(tenant_id)s        |
  +----------------------------------+-----------+--------------+---------
-------+---------+-----------+--------------------------------------------+
```

（3）管理服务目录

Service Catalog（服务目录）是 Keystone 为 OpenStack 提供的一个 REST API 端点列表，并以此作为决策参考。显示所有已有的 Service，命令代码如下：

```
[root@controller ~]# openstack catalog list
  +----------+---------------+-------------------------------------------
-----------------------------------+
  | Name     | Type          | Endpoints                                 |
  +----------+---------------+-------------------------------------------
-----------------------------------+
  | keystone | identity      | RegionOne                                 |
  |          |               |   internal: http://controller:5000/v3     |
  |          |               | RegionOne                                 |
  |          |               |   public: http://controller:5000/v3       |
  |          |               | RegionOne                                 |
  |          |               |   admin: http://controller:35357/v3       |
  |          |               |                                           |
  | nova     | compute       | RegionOne                                 |
  |          |               |   public: http://controller:8774/v2.1     |
  |          |               | RegionOne                                 |
  |          |               |   internal: http://controller:8774/v2.1   |
  |          |               | RegionOne                                 |
  |          |               |   admin: http://controller:8774/v2.1      |
  |          |               |                                           |
  | cinderv3 | volumev3      | RegionOne                                 |
  |          |               |   internal: http://controller:8776/v3/f3a4fbd
6a85848be8aab2773fdbcaf2f         |
  |          |               | RegionOne                                 |
  |          |               |   admin: http://controller:8776/v3/f3a4fbd6a
85848be8aab2773fdbcaf2f          |
  |          |               | RegionOne                                 |
  |          |               |   public: http://controller:8776/v3/f3a4fbd6a
85848be8aab2773fdbcaf2f          |
  |          |               |                                           |
  | placement| placement     | RegionOne                                 |
  |          |               |   public: http://controller:8778          |
```

```
|          |              |  RegionOne                                       |
|          |              |    internal: http://controller:8778              |
|          |              |  RegionOne                                       |
|          |              |    admin: http://controller:8778                 |
|          |              |                                                  |
|  glance  |  image       |  RegionOne                                       |
|          |              |    admin: http://controller:9292                 |
|          |              |  RegionOne                                       |
|          |              |    internal: http://controller:9292              |
|          |              |  RegionOne                                       |
|          |              |    public: http://controller:9292                |
|          |              |                                                  |
|  swift   |  object-store|  RegionOne                                       |
|          |              |    internal: http://controller:8080/v1/AUTH_f3a4
fbd6a85848be8aab2773fdbcaf2f |
|          |              |  RegionOne                                       |
|          |              |    public: http://controller:8080/v1/AUTH_f3a
4fbd6a85848be8aab2773fdbcaf2f   |
|          |              |  RegionOne                                       |
|          |              |    admin: http://controller:8080/v1             |
|          |              |                                                  |
|  neutron |  network     |  RegionOne                                       |
|          |              |    internal: http://controller:9696             |
|          |              |  RegionOne                                       |
|          |              |    admin: http://controller:9696                |
|          |              |  RegionOne                                       |
|          |              |    public: http://controller:9696               |
|          |              |                                                  |
|  cinder  |  volume      |  RegionOne                                       |
|          |              |    internal: http://controller:8776/v1/f3a4fbd6a
85848be8aab2773fdbcaf2f     |
|          |              |  RegionOne                                       |
|          |              |    public: http://controller:8776/v1/f3a4fbd6a
85848be8aab2773fdbcaf2f     |
|          |              |  RegionOne                                       |
|          |              |    admin: http://controller:8776/v1/f3a4fbd6a
85848be8aab2773fdbcaf2f     |
|          |              |                                                  |
|  heat-cfn|  cloudformation|  RegionOne                                     |
|          |              |    internal: http://controller:8000/v1          |
|          |              |  RegionOne                                       |
|          |              |    admin: http://controller:8000/v1             |
|          |              |  RegionOne                                       |
|          |              |    public: http://controller:8000/v1            |
```

```
|           |               |                                              |
| heat      | orchestration | RegionOne                                    |
|           |               |    internal: http://controller:8004/v1/f3a4fbd6a
85848be8aab2773fdbcaf2f     |
|           |               | RegionOne                                    |
|           |               |    public: http://controller:8004/v1/f3a4fbd6a
85848be8aab2773fdbcaf2f     |
|           |               | RegionOne                                    |
|           |               |    admin: http://controller:8004/v1/f3a4fbd6a
85848be8aab2773fdbcaf2f     |
|           |               |                                              |
| cinderv2  | volumev2      | RegionOne                                    |
|           |               |    internal: http://controller:8776/v2/f3a4fbd6a
85848be8aab2773fdbcaf2f     |
|           |               | RegionOne                                    |
|           |               |    admin: http://controller:8776/v2/f3a4fbd6a
85848be8aab2773fdbcaf2f     |
|           |               | RegionOne                                    |
|           |               |    public: http://controller:8776/v2/f3a4fbd6a
85848be8aab2773fdbcaf2f     |
|           |               |                                              |
+-----------+---------------+----------------------------------------------
------------------------------------+
```

查询某个 Service 信息，使用的命令代码如下：

```
[root@controller ~]# openstack catalog show keystone
+-----------+------------------------------------------+
| Field     | Value                                    |
+-----------+------------------------------------------+
| endpoints | RegionOne                                |
|           |    internal: http://controller:5000/v3   |
|           | RegionOne                                |
|           |    public: http://controller:5000/v3     |
|           | RegionOne                                |
|           |    admin: http://controller:35357/v3     |
|           |                                          |
| id        | 0bf2be4f3c3a4190a9636b4feb37cea6         |
| name      | keystone                                 |
| type      | identity                                 |
+-----------+------------------------------------------+
```

6. 编写创建用户、项目、权限脚本

（1）编写创建用户脚本

编写 Shell 脚本，可以批量创建用户，将用户添加至项目中，并赋予用户在项目中的权限，所需参数在执行脚本时进行读取。编写 Shell 脚本的代码如下：

```
#!/bin/bash
if [  -f "/etc/keystone/admin-openrc.sh" ];then
        source /etc/keystone/admin-openrc.sh
else
        env_path=`find / -name admin-openrc.sh`
        source $env_path
fi
        echo -e "\033[31mPlease Input New User Name : eg(username)\033[0m "
        read New_User_Name
                if [ ! -n "$New_User_Name" ];then
                        echo -e "\033[31mUser Name Is Empty,Exit\033[0m "
                        exit 1
                fi
        echo -e "\033[31mPlease Input User Password: eg(000000)\033[0m "
        read New_User_Pw
                if [ ! -n "$New_User_Pw" ];then
                 echo -e "\033[31mPasswd Is Empty,Exit\033[0m "
                 exit 1
            fi
        echo -e "\033[31mPlease Input User Email Address,If don't need  press
enter: eg(openstack.com)\033[0m "
        read New_User_Email
                if [ ! -n "$New_User_Email" ];then
                 echo -e "\033[31mEmail Address Is Empty,Exit\033[0m "
                 exit 1
            fi
     echo -e "\033[31mPlease Input User  Beginning And End  Number:
eg(001-002)\033[0m "
        read New_User_Range
          if [ ! -n "$New_User_Range" ];then
                    echo -e "\033[31mNumber Is Empty,Exit\033[0m "
                    exit 1
                else
                U_Start=`echo $New_User_Range |awk -F- '{ print $1}'| awk
'{print $0+0}'`
                N_U_Start=`printf "%03d\n" $U_Start`
                U_End=`echo $New_User_Range |awk -F- '{ print $2}' | awk
'{print $0+0}'`
                N_U_End=`printf "%03d\n" $U_End`
                U_End1=$[$U_End+1]
                IF_username_exists=`openstack user list | sed '1,3d'|sed
'$d'|awk '{print $4}'`
```

60

```
                      for username_exists in $IF_username_exists;do
                          for((username_number = $U_Start;username_number <
$U_End1;username_number++));do
                              real_username_number=`printf "%03d\n" $username_
number`
                              if [ $New_User_Name$real_username_number ==
$username_exists ];then
                                  echo -e "\033[31mUser $New_User_Name$real_
username_number is exists\033[0m "
                                  exit 1
                              fi
                          done
                      done
          fi
          echo -e "\033[31mPlease enter the User belong Roles Name, Press enter
for 'user' role by default: eg(admin)\033[0m "
          read New_User_Role
              if [ ! -n "$New_User_Role" ];then
                    New_User_Role=user
              else
                    IF_Role_Exists=`openstack role list |sed '1,3d' |sed '$d'
|awk '{print $4}'`
                    if  echo "${IF_Role_Exists[@]}" | grep -w "$New_User_
Role" >> /dev/null ; then
                        echo "exists" >> /dev/null
                    else
                      echo -e "\033[31mRole $New_User_Role not exists\033[0m "
                      exit 1
                    fi
              fi


      echo -e "\033[31mPlease Input User belong Project Name: eg(projectname)\
033[0m "
          read New_User_Tenant
              if [ ! -n "$New_User_Tenant" ];then
                    echo -e "\033[31mProject Name Is Empty,Exit\033[0m "
                    exit 1
              else
                    IF_Tenant_Exists=`openstack project list |sed '1,3d' |sed
'$d' |awk '{print $4}'`
                    if  echo "${IF_Tenant_Exists[@]}" | grep -w "$New_User_
Tenant" >> /dev/null ; then
                        echo "exists" >> /dev/null
                    else
```

```
                    echo -e "\033[31mProject $New_User_Tenant not exists\
033[0m "
                    exit 1
                fi
            fi
            for((username_number = $U_Start;username_number<
$U_End1;username_number++));do
                real_username_number=`printf "%03d\n" $username_
number`
                openstack user create --domain $OS_PROJECT_
DOMAIN_NAME --password $New_User_Pw $New_User_Name$real_username_number
--email $New_User_Name$real_username_number@$New_User_Email
                openstack role add --project $New_User_Tenant
--user $New_User_Name$real_username_number $New_User_Role
            done
            echo -e "\033[31mKeystone All User List\033[0m "
            openstack user list
```

（2）编写创建项目脚本

编写 Shell 脚本，可以创建 Project，所创建的 Project 名称在执行脚本时进行读取。编写 Shell 脚本的代码如下：

```
#!/bin/bash
if [ -f "/etc/keystone/admin-openrc.sh" ];then
    source /etc/keystone/admin-openrc.sh
else
    env_path=`find / -name admin-openrc.sh`
    source $env_path
fi
    echo -e "\033[31mPlease Input new Project name : eg(openstack)\033[0m "
    read New_Project_Name
    if [ ! -n "$New_Project_Name" ];then
        echo -e "\033[31mProject Name Is Empty,Exit\033[0m "
        exit 1
    fi
    echo -e "\033[31mPlease Input Project description : eg(openstack
description)\033[0m "
    read New_Project_des
    if [ ! -n "$New_Project_des" ];then
        echo -e "\033[31mProject Description Is Empty,Exit\033[0m "
        exit 1
    fi
    T_Start=`echo $New_Project_Range |awk -F- '{ print $1}'| awk '{print
$0+0}'`
```

```
        N_Start=`printf "%03d\n" $T_Start`
        T_End=`echo $New_Project_Range |awk -F- '{ print $2}' | awk '{print
$0+0}'`
        N_End=`printf "%03d\n" $T_End`
        T_End1=$[$T_End+1]
            openstack  project  create  --domain  $OS_PROJECT_DOMAIN_NAME
--description "Service Project" $New_Project_Name
            echo -e "\033[31mKeystone All Project List\033[0m "
            openstack project list
```

（3）编写添加权限脚本

编写 Shell 脚本，可以批量将用户添加至项目中，并赋予权限，所需参数在执行脚本时进行读取。编写 Shell 脚本的代码如下：

```
#!/bin/bash
# 1st keystone
if [  -f "/etc/keystone/admin-openrc.sh" ];then
        source /etc/keystone/admin-openrc.sh
else
env_path=`find / -name admin-openrc.sh`
        source $env_path
fi
        echo -e "\033[31mPlease Enter The User Name\033[0m "
        read Add_Role_Username
        echo -e "\033[31mPlease Input User  Beginning And End  Number:
eg(001-002)\033[0m "
        read Add_User_Range
            if [ ! -n "$Add_User_Range" ];then
                Add_User_Range=$Add_User_Range
            else
                A_R_Start=`echo $Add_User_Range |awk -F- '{ print $1}'| awk
'{print $0+0}'`
                A_R_U_Start=`printf "%03d\n" $A_R_Start`
                A_R_End=`echo $Add_User_Range |awk -F- '{ print $2}' | awk
'{print $0+0}'`
                A_R_U_End=`printf "%03d\n" $A_R_End`
                A_R_End1=$[$A_R_End+1]
            fi
        echo -e "\033[31mPlease Enter the Project Name\033[0m "
        read Add_Role_Tenant
        IF_Tenant_Exists=`openstack project list |sed '1,3d' |sed '$d'
|awk '{print $4}'`
            if  echo "${IF_Tenant_Exists[@]}" | grep -w "$Add_Role_Tenant" >>
```

```
/dev/null ; then
                echo "exists" >> /dev/null
            else
                echo -e "\033[31mProject $Add_Role_Tenant not exists\033[0m "
                exit 1
            fi
        echo -e "\033[31mPlease Enter the  Role Name\033[0m "
        read Add_Role_New_Role
            IF_Role_Exists=`openstack role list |sed '1,3d' |sed '$d' |awk
'{print $4}'`
            if  echo "${IF_Role_Exists[@]}" | grep -w "$Add_Role_New_Role" >>
/dev/null ; then
                echo "exists" >> /dev/null
            else
                echo -e "\033[31mRole $Add_Role_New_Role not exists\033[0m "
                exit 1
            fi
        for((username_number=$A_R_Start;username_number<$A_R_End1;username_
number++));do
            real_username_number=`printf "%03d\n" $username_number`
            openstack role add --project $Add_Role_Tenant --user $Add_
Role_Username$real_username_number $Add_Role_New_Role
            echo  -e  "\033[31mKeystone  user  $Add_Role_Username$real_
username_number Project $Add_Role_Tenant role list\033[0m "
            openstack role assignment list --user $Add_Role_Username$real_
username_number --project $Add_Role_Tenant
        done
```

## 归纳总结

通过本单元的学习，读者应该对 OpenStack 的 Keystone 组件有了一定的了解，也熟悉了 Keystone 在 OpenStack 中的作用。通过实操练习，读者应该掌握 Keystone 组件的使用命令，更加深入地了解 Keystone 认证的过程。通过编写创建用户、项目、权限脚本可以帮助读者掌握 Keystone 管理用户的权限设置。

## 课后练习

**一、判断题**

1. 无论任何服务或者用户访问 OpenStack 都要访问 Keystone 获取服务列表，以及每个服务的 Endpoint。（    ）

2. Keystone 组件的作用是为 OpenStack 平台提供应用服务。（    ）

**二、单项选择题**

1. Keystone 为 OpenStack 平台提供了什么服务？（　　　）

A. 认证服务　　　　B. 存储服务　　　　C. 镜像服务　　　　D. 计算服务

2. 下列选项当中，哪个是 Keystone 创建用户的命令？（　　　）

A. openstack user create　　　　　　B. openstack project create

C. openstack role create　　　　　　D. openstack admin create

**三、多项选择题**

1. 以下哪些功能是 Keystone 模块所包含的？（　　　）

A. 负责身份验证、服务规则和令牌管理

B. 模块通过 Keystone 以服务的形式将自己注册为 Endpoint

C. 访问目标服务需要经过 Keystone 的身份验证

D. 对模块访问权限的控制

2. 下列属于 Keystone 基本功能的是（　　　）。

A. 身份认证　　　　B. 授权　　　　C. 服务目录　　　　D. 资源调度

## 技能训练

1. 在 OpenStack 平台控制节点，使用 OpenStack 命令，创建一个名称为"alice"的账户，密码为"mypassword123"，邮箱为"alice@example.com"，再创建一个名为"acme"的项目。

2. 在 OpenStack 平台控制节点，创建一个角色"compute-user"，再给用户"alice"分配"acme"项目下的"compute-user"角色。

# 单元 3　OpenStack 中的镜像服务运维

## 学习目标

通过本单元的学习，要求读者能了解什么是 Glance 镜像服务、在 OpenStack 平台中 Glance 镜像服务的工作流程，以及 Glance 镜像服务所支持的镜像格式。通过实例，培养读者镜像制作的技能及如何定制化制作一个 OpenStack 镜像文件的技能。本单元旨在培养读者的镜像制作和自主实践的能力。

## 3.1　Glance 镜像服务

### 3.1.1　Glance 镜像服务介绍

Glance 是 OpenStack 镜像服务，用来注册、登录和检索虚拟机镜像。Glance 服务提供了一个 REST API，使读者能够查询虚拟机镜像元数据和检索的实际镜像。通过镜像服务提供的虚拟机镜像可以将文件存储在不同的位置，从简单的文件系统对象到类似 OpenStack 对象存储系统。Glance 与其他组件的关系，如图 3-1 所示。

Glance 服务运维与排错（镜像服务）

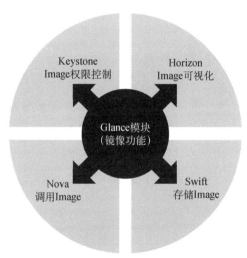

图 3-1　Glance 与其他组件的关系

默认情况下，上传的虚拟机镜像存储路径为/var/lib/glance/images/。Glance 负责镜像文件的注册、查询和存储管理。

● glance-api 负责接收 Image API 请求，处理 Image 查询和存储等。

● glance-registry 负责存储、处理和检索 Image 的元数据（大小，类型等）。

● 使用数据库来存储 Image 文件的元数据。

● 支持不同的存储仓库来存储 Image 文件，包括 Swift、本地磁盘、RADOS 块设备、Amazon S3、HTTP。

## 3.1.2　Glance 重要概念

### 1. 镜像状态

镜像状态是 Glance 管理镜像很重要的一个内容，Glance 可以通过虚拟机镜像的状态感知某一镜像的可用状态。如图 3-2 所示，OpenStack 中镜像的状态可以分成以下几种。

（1）Queued：Queued 状态是一种初始化镜像状态，在镜像文件刚刚被创建时，在 Glance 数据库中就已经保存了镜像标识符，但还没有上传至 Glance 中，此时的 Glance 对镜像数据没有任何描述，其存储空间为 0。

（2）Saving：Saving 状态是镜像的原始数据在上传中的一种过渡状态，它产生在镜像数据上传至 Glance 的过程中，一般来讲，Glance 必须收到一个 Image 请求后，才将镜像上传给 Glance。

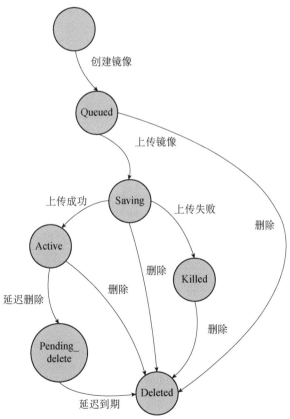

图 3-2　Glance 镜像文件状态转换过程

（3）Active：Active 状态是镜像成功上传完毕以后的一种状态，它表明 Glance 中可用的镜像。

（4）Killed：Killed 状态出现在镜像上传失败或者镜像文件不可读的情况下，Glance 将镜像状态设置成 Killed。

（5）Deleted：Deleted 状态表明一个镜像文件马上会被删除，只是当前 Glance 仍然保留该镜像文件的相关信息和原始镜像数据。

（6）Pending_delete：Pending_delete 状态类似于 Deleted，虽然此时的镜像文件没有被删除，但镜像文件不能恢复。

### 2. Glance 的基本架构和三大模块

它的设计模式采用 C/S 架构模式，Client 通过 Glance 提供的 REST API 与 Glance 的服务器（Server）程序进行通信，Glance 的服务器程序通过网络端口监听，接收 Client 发送来的镜像操作请求，其基本架构如图 3-3 所示。

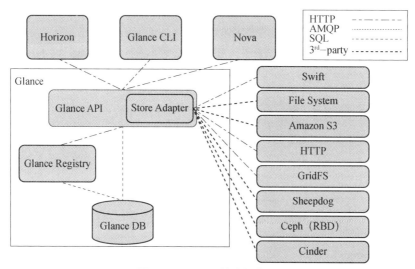

图 3-3　Glance 基本架构图

（1）Glance API：接收 REST API 的请求，然后通过其他模块（Glance Registry 及 Image Store）来完成诸如镜像的查找、获取、上传、删除等操作，默认监听端口为 9292。

（2）Glance Registry：与 MariaDB 数据库实现交互，用于存储或获取镜像的元数据（Metadata）；通过 Glance Registry，可以向数据库中写入或获取镜像中的各种数据，Glance Registry 监听端口为 9191。

（3）Store Adapter：是一个存储的接口层，通过该接口，Glance 可以获取镜像。Image Store 支持的存储有 Amazon 的 S3、OpenStack 本身的 Swift、本地文件存储和其他分布式存储。

### 3. Glance 组件的工作过程

如图 3-4 所示介绍了 Glance 组件在申请镜像时与 OpenStack 平台进行交互的流程图。

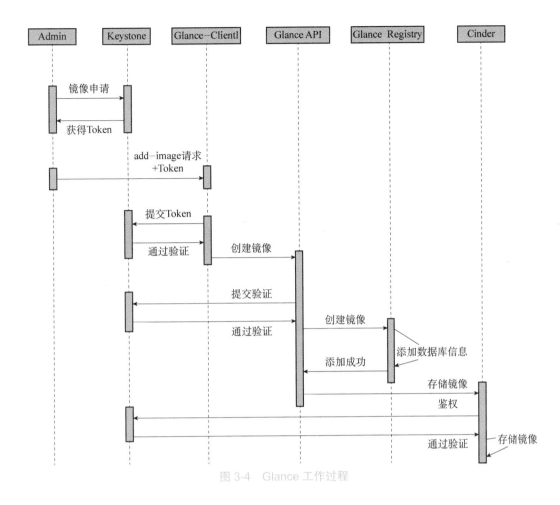

图 3-4　Glance 工作过程

### 3.1.3　镜像缓存机制

Glance 中的镜像文件不管用什么样的方式存储,都被存储在 Server 端,用户在创建实例前先要从 Server 端获取相应镜像文件,再到本地根据配置进行相关的处理。有些镜像文件非常大,从服务器端传到客户端要花费大量的时间,使实例的启动变得非常慢,对于一些特定的应用来说会比较吃力,如果利用 Glance 的缓存机制,预先通过命令将特定的镜像文件进行缓存,缓存到需要的计算节点上会有很好的效果。对镜像文件进行缓存变相增加了镜像存储的可靠性。

本地缓存的另一个好处就是用户可以通过它实现镜像文件的 Base Image 功能。Glance 的缓存服务是需要在配置文件中进行配置开启的。Glance 缓存服务还提供了缓存、删除,以及根据配置的过期时间删除等众多功能。

### 3.1.4　镜像格式

#### 1. 镜像文件有多种磁盘格式

● raw:无结构的磁盘格式,以二进制形式存储镜像文件,访问速度非常快,但是不支持动态扩容,前期的耗时长。

● qcow2:由 QEMU 仿真支持,可动态扩展,支持写时复制(Copy On Write)的磁盘格式。

以下格式不常用。

- vhd：该格式通用于 VMware、Xen、VirtualBox 以及其他虚拟机管理程序。
- vhdx：vhd 格式的增强版本，支持更大的磁盘尺寸。
- vmdk：一种比较通用的虚拟机磁盘格式。
- vdi：由 VirtualBox 虚拟机监控程序和 QEMU 仿真器支持的磁盘格式。
- iso：用于光盘（CD-ROM）数据内容的档案格式。
- ploop：由 Virtuozzo 支持，用于运行 OS 容器的磁盘格式。
- aki：在 Glance 中存储的 Amazon 内核格式。
- ari：在 Glance 中存储的 Amazon 虚拟内存盘（Ramdisk）格式。
- ami：在 Glance 中存储的 Amazon 机器格式。

### 2. 镜像文件容器格式

- bare：没有容器或元数据"信封"的镜像文件，原始的资源集合，所以不存在兼容性问题，不确定选择哪种容器模式时，就指定为 bare 最安全。
- Docker：在 Glance 中存储的容器文件系统的 dockerd 的 tar 档案，能够隔离磁盘存储的数据、元数据。

以下格式不常用。

- ovf：开放虚拟化格式。
- ova：在 Glance 中存储的开放虚拟化设备格式。
- aki：在 Glance 中存储的 Amazon 内核格式。
- ari：在 Glance 中存储的 Amazon 虚拟内存盘（Ramdisk）格式。

## 3.2　Glance 镜像服务的使用和运维

Glance 服务运维
与排错

### 1. 规划节点

OpenStack 环境节点规划见表 3-1。

表 3-1　OpenStack 环境节点规划

| IP 地址 | 主机名 | 节点 |
| --- | --- | --- |
| 192.168.100.10 | controller | controller |
| 192.168.100.20 | compute | compute |

### 2. 基础准备

使用本地 PC 环境下由 VMware Workstation 软件启动的双台虚拟机来构建 OpenStack 平台环境，此案例在 OpenStack 环境中进行。

### 3. 创建镜像

（1）下载 CirrOS 镜像文件

CirrOS 是一个极小的云操作系统，可以使用这个小的操作系统来进行 Glance 服务组件的操作练习，在 OpenStack 平台可以访问外网的情况下，可以直接通过外网下载镜像文件。

```
[root@controller ~]# mkdir images
[root@controller ~]# cd images/
[root@controller images]# wget http://download.cirros-cloud.net/0.3.4/
cirros-0.3.4-x86_64-disk.img
   --2021-01-27 10:42:21--  http://download.cirros-cloud.net/0.3.4/cirros
-0.3.4-x86_64-disk.img
正在解析主机 download.cirros-cloud.net(download.cirros-cloud.net)... 64.90.
42.85, 2607:f298:6:a036::bd6:a72a
   正在连接  download.cirros-cloud.net(download.cirros-cloud.net)|64.90.42.
85|:80... 已连接。
已发出 HTTP 请求,正在等待回应... 302 Found
位置:https://github.com/cirros-dev/cirros/releases/download/0.3.4/cirros-
0.3.4-x86_64-disk.img [跟随至新的 URL]
   --2021-01-27 10:42:24--  https://github.com/cirros-dev/cirros/releases/
download/0.3.4/cirros-0.3.4-x86_64-disk.img
正在解析主机 github.com(github.com)... 13.229.188.59
正在连接 github.com(github.com)|13.229.188.59|:443... 已连接。
已发出 HTTP 请求,正在等待回应... 302 Found
位置:https://github-production-release-asset-2e65be.s3.amazonaws.com/2197
85102/e41baf80-4120-11ea-8591-3a2c8739c5a3?X-Amz-Algorithm=AWS4-HMAC-SHA256&
X-Amz-Credential=AKIAIWNJYAX4CSVEH53A%2F20210127%2Fus-east-1%2Fs3%2Faws4_req
uest&X-Amz-Date=20210127T074449Z&X-Amz-Expires=300&X-Amz-Signature=58489c512
896b3512c2ba7f27f3345d6dbc3739089abf19fac503578f47c0a2d&X-Amz-SignedHeaders=
host&actor_id=0&key_id=0&repo_id=219785102&response-content-disposition=atta
chment%3B%20filename%3Dcirros-0.3.4-x86_64-disk.img&response-content-type=ap
plication%2Foctet-stream [跟随至新的 URL]
   --2021-01-27 10:42:24--  https://github-production-release-asset-2e65be.
s3.amazonaws.com/219785102/e41baf80-4120-11ea-8591-3a2c8739c5a3?X-Amz-Algori
thm=AWS4-HMAC-SHA256&X-Amz-Credential=AKIAIWNJYAX4CSVEH53A%2F20210127%2Fus-e
ast-1%2Fs3%2Faws4_request&X-Amz-Date=20210127T074449Z&X-Amz-Expires=300&X-Am
z-Signature=58489c512896b3512c2ba7f27f3345d6dbc3739089abf19fac503578f47c0a2d
&X-Amz-SignedHeaders=host&actor_id=0&key_id=0&repo_id=219785102&response-con
tent-disposition=attachment%3B%20filename%3Dcirros-0.3.4-x86_64-disk.img&res
ponse-content-type=application%2Foctet-stream
   正在解析主机  github-production-release-asset-2e65be.s3.amazonaws.com
(github-production-release-asset-2e65be.s3.amazonaws.com)... 52.217.84.164
   正在连接  github-production-release-asset-2e65be.s3.amazonaws.com(github-
production-release-asset-2e65be.s3.amazonaws.com)|52.217.84.164|:443... 已连接。
已发出 HTTP 请求,正在等待回应... 200 OK
长度:13287936(13M) [application/octet-stream]
正在保存至: "cirros-0.3.4-x86_64-disk.img"
```

```
1% [>                                           ] 225,856     15.4KB/s 剩余 13m 47s
```

这个过程可能会比较长，考虑到网络的情况，可以提前将镜像文件下载到本地，然后再通过网络上传至 OpenStack 平台环境 controller 节点/root/image 目录下。

```
[root@controller images]# ls /root/image
cirros-0.3.4-x86_64-disk.img
```

将镜像文件上传至 controller 节点后，通过 file 命令查看镜像文件信息。

```
[root@controller images]# file cirros-0.3.4-x86_64-disk.img
cirros-0.3.4-x86_64-disk.img: QEMU QCOW Image(v2), 41126400 bytes
```

（2）创建镜像文件

通过命令创建镜像文件，命令的格式如下：

```
[root@controller images]# glance help image-create
usage: glance image-create [--architecture <ARCHITECTURE>]
                           [--protected [True|False]] [--name <NAME>]
                           [--instance-uuid <INSTANCE_UUID>]
                           [--min-disk <MIN_DISK>] [--visibility <VISIBILITY>]
                           [--kernel-id <KERNEL_ID>]
                           [--tags <TAGS> [<TAGS> ...]]
                           [--os-version <OS_VERSION>]
                           [--disk-format <DISK_FORMAT>]
                           [--os-distro <OS_DISTRO>] [--id <ID>]
                           [--owner <OWNER>] [--ramdisk-id <RAMDISK_ID>]
                           [--min-ram <MIN_RAM>]
                           [--container-format <CONTAINER_FORMAT>]
                           [--property <key=value>] [--file <FILE>]
                           [--progress]
```

部分参数说明如下。

--disk-format：镜像文件格式。
--container-format：镜像文件在其他项目中的可见性。
--progress：显示上传镜像文件的进度。
--file：选择本地镜像文件。
--name：上传后镜像文件的名称。

将镜像文件 cirros-0.3.4-x86_64-disk.img 通过命令上传至 OpenStack 中。

```
[root@controller    images]#  glance  image-create   --name  cirros-0.3.4
--disk-format qcow2 --container-format bare --progress < cirros-0.3.4-x86_64-
disk.img
    [=============================>] 100%
    +-----------------+------------------------------------+
```

```
| Property          | Value                                   |
+------------------+-----------------------------------------+
| checksum          | ee1eca47dc88f4879d8a229cc70a07c6        |
| container_format | bare                                    |
| created_at        | 2021-01-27T15:51:15Z                    |
| disk_format       | qcow2                                   |
| id                | b07b454f-9e8b-4be0-ac61-f3d281d61c2c    |
| min_disk          | 0                                       |
| min_ram           | 0                                       |
| name              | cirros-0.3.4                            |
| owner             | f3a4fbd6a85848be8aab2773fdbcaf2f        |
| protected         | False                                   |
| size              | 13287936                                |
| status            | active                                  |
| tags              | []                                      |
| updated_at        | 2021-01-27T15:51:15Z                    |
| virtual_size      | None                                    |
| visibility        | shared                                  |
+------------------+-----------------------------------------+
```

4. 管理镜像文件

（1）查看镜像文件

通过命令可以在 OpenStack 平台中查看当前 Glance 中所上传的镜像文件名称，具体命令如下：

```
[root@controller images]# glance image-list
+--------------------------------------+------------------------------+
| ID                                   | Name                         |
+--------------------------------------+------------------------------+
| b07b454f-9e8b-4be0-ac61-f3d281d61c2c | cirros-0.3.4                 |
+--------------------------------------+------------------------------+
```

也可以使用命令查看镜像文件的详细信息，具体命令如下：

```
[root@controller  images]#  glance  image-show  b07b454f-9e8b-4be0-ac61-
f3d281d61c2c
+------------------+-----------------------------------------+
| Property          | Value                                   |
+------------------+-----------------------------------------+
| checksum          | ee1eca47dc88f4879d8a229cc70a07c6        |
| container_format | bare                                    |
| created_at        | 2021-01-27T15:51:15Z                    |
| disk_format       | qcow2                                   |
| id                | b07b454f-9e8b-4be0-ac61-f3d281d61c2c    |
```

```
| min_disk       | 0                                |
| min_ram        | 0                                |
| name           | cirros-0.3.4                     |
| owner          | f3a4fbd6a85848be8aab2773fdbcaf2f |
| protected      | False                            |
| size           | 13287936                         |
| status         | active                           |
| tags           | []                               |
| updated_at     | 2021-01-27T15:51:15Z             |
| virtual_size   | None                             |
| visibility     | shared                           |
+----------------+----------------------------------+
```

（2）修改镜像文件

可以使用"glance help image-update"命令更新镜像文件信息，命令的格式如下：

```
[root@controller images]# glance help image-update
usage: glance image-update [--architecture <ARCHITECTURE>]
                           [--protected [True|False]] [--name <NAME>]
                           [--instance-uuid <INSTANCE_UUID>]
                           [--min-disk <MIN_DISK>] [--visibility <VISIBILITY>]
                           [--kernel-id <KERNEL_ID>]
                           [--os-version <OS_VERSION>]
                           [--disk-format <DISK_FORMAT>]
                           [--os-distro <OS_DISTRO>] [--owner <OWNER>]
                           [--ramdisk-id <RAMDISK_ID>] [--min-ram <MIN_RAM>]
                           [--container-format <CONTAINER_FORMAT>]
                           [--property <key=value>] [--remove-property key]
                           <IMAGE_ID>
```

部分参数说明如下（注：部分参数与创建镜像文件的参数相同，这里保留，余同）。

--min-disk：镜像启动最小硬盘大小。

--name：镜像文件名称。

--disk-format：镜像文件格式。

--min-ram：镜像文件启动最小内存大小。

--container-format：镜像文件在项目中的可见性。

如果需要改变镜像文件启动硬盘最低要求值（min-disk）为1GB，min-disk默认单位为GB。使用 glance image-update 命令更新镜像文件信息操作如下：

```
[root@controller images]# glance image-update --min-disk=1 b07b454f-
9e8b-4be0-ac61-f3d281d61c2c
    +----------------+----------------------------------+
    | Property       | Value                            |
    +----------------+----------------------------------+
```

```
| checksum         | ee1eca47dc88f4879d8a229cc70a07c6       |
| container_format | bare                                   |
| created_at       | 2021-01-27T15:51:15Z                   |
| disk_format      | qcow2                                  |
| id               | b07b454f-9e8b-4be0-ac61-f3d281d61c2c   |
| min_disk         | 1                                      |
| min_ram          | 0                                      |
| name             | cirros-0.3.4                           |
| owner            | f3a4fbd6a85848be8aab2773fdbcaf2f       |
| protected        | False                                  |
| size             | 13287936                               |
| status           | active                                 |
| tags             | []                                     |
| updated_at       | 2021-01-27T16:11:08Z                   |
| virtual_size     | None                                   |
| visibility       | shared                                 |
+------------------+----------------------------------------+
```

也可以使用命令更新镜像文件启动内存最低要求值（min-ram）为 1GB，min-ram 默认单位为 GB。使用"glance image-update"命令更新镜像文件信息操作如下：

```
[root@controller images]# glance image-update --min-ram=1 b07b454f-9e8b-
4be0-ac61-f3d281d61c2c
+------------------+----------------------------------------+
| Property         | Value                                  |
+------------------+----------------------------------------+
| checksum         | ee1eca47dc88f4879d8a229cc70a07c6       |
| container_format | bare                                   |
| created_at       | 2021-01-27T15:51:15Z                   |
| disk_format      | qcow2                                  |
| id               | b07b454f-9e8b-4be0-ac61-f3d281d61c2c   |
| min_disk         | 1                                      |
| min_ram          | 1                                      |
| name             | cirros-0.3.4                           |
| owner            | f3a4fbd6a85848be8aab2773fdbcaf2f       |
| protected        | False                                  |
| size             | 13287936                               |
| status           | active                                 |
| tags             | []                                     |
| updated_at       | 2021-01-27T16:16:13Z                   |
| virtual_size     | None                                   |
| visibility       | shared                                 |
+------------------+----------------------------------------+
```

（3）删除镜像文件

可以使用"glance help image-delete"命令删除上传至 OpenStack 平台中的镜像文件，使用命令格式如下：

```
[root@controller images]# glance help image-delete
usage: glance image-delete <IMAGE_ID> [<IMAGE_ID> ...]

Delete specified image.

Positional arguments:
  <IMAGE_ID>  ID of image(s) to delete.

Run `glance --os-image-api-version 1 help image-delete` for v1 help
```

如果要删除具体某个镜像文件，则只需要在命令后加上镜像 ID 即可，命令代码如下：

```
[root@controller images]# glance image-delete b07b454f-9e8b-4be0-ac61-f3d281d61c2c
[root@controller images]# glance image-list
+-------------------------------------+-------------------------------+
| ID                                  | Name                          |
+-------------------------------------+-------------------------------+
+-------------------------------------+-------------------------------+
```

5. 制作镜像文件

（1）准备软件

在 OpenStack 平台中，可以进行自定义镜像，准备所要制作镜像的 ISO 文件"CentOS-7-x86_64-DVD-1804.iso"。

```
[root@controller ~]# ls
CentOS-7-x86_64-DVD-1804.iso
```

安装所需软件包，执行以下命令：

```
[root@controller opt]# yum install kvm virt-* libvirt bridge-utils qemu-img qemu-kvm-tools
```

（2）创建虚拟机网络

在 OpenStack 平台中，为虚拟机创建一个网络，再为虚拟机提供上网服务，可以通过"virsh net-list"命令查看当前网络信息，命令代码如下：

```
[root@controller opt]# virsh net-list
 名称           状态      自动开始    持久
----------------------------------------------------------
 default        活动      是          是
```

如果没有启用 default 网络，则可以通过 virsh net-start default 命令启动网络，命令代码如下：

```
[root@controller ~]#virsh net-start default
```

（3）启动虚拟机

创建一个目录提供给虚拟机使用，并创建一个大小 10GB 的磁盘空间提供给虚拟机使用。执行命令如下：

```
[root@controller ~]# mkdir -p /data/
[root@controller ~]#qemu-img create -f qcow2 /data/centos.qcow2 10G
```

启动虚拟机：

```
[root@controller opt]# virt-install --virt-type kvm --name centos7.5_x86_64
--ram 1024 --keymap=en-us --disk /data/centos.qcow2,format=qcow2 --network
network=default --graphics vnc,listen=0.0.0.0 --noautoconsole --os-type=linux
--location=/data/CentOS-7-x86_64-DVD-1804.iso
```

WARNING　未检测到操作系统，虚拟机性能可能会受到影响。使用 --os-variant 选项指定操作系统以获得最佳性能。


开始安装......
搜索文件 .treeinfo......                                     | 354 B  00：00：00
搜索文件 vmlinuz......                                       | 5.9 MB  00：00：00
搜索文件 initrd.img......                                    | 50 MB  00：00：00
域安装仍在进行。用户可以重新连接
到控制台以便完成安装进程。

查看虚拟机开发端口：

```
[root@controller opt]# netstat -lntp | grep kvm
tcp    0    0 0.0.0.0:5900            0.0.0.0:*                LISTEN
126521/qemu-kvm
```

使用 VNC 登录虚拟机，输入地址访问，如图 3-5 所示。

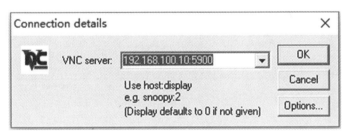

图 3-5　地址访问页面

（4）安装操作系统

访问后安装 CentOS 操作系统，如图 3-6 所示。

安装完成后的页面，如图 3-7 所示，重新启动虚拟机。

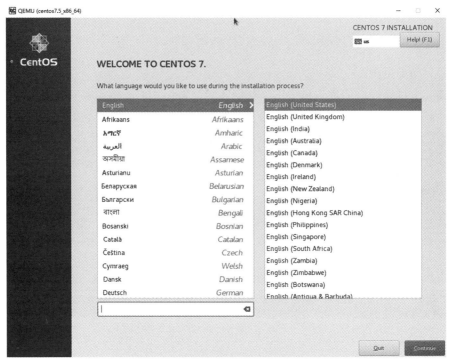

图 3-6　安装 CentOS 页面

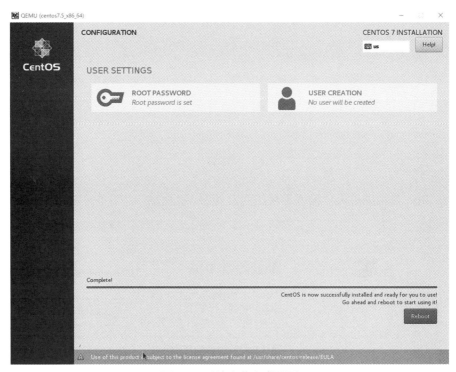

图 3-7　系统安装完成页面

因为虚拟机关机后不会自动重启，所以需要手动启动，通过 "virsh list –all" 命令查看虚拟机列表，再使用命令 "virsh start centos7.5_x86_64" 启动所创建的虚拟机，命令如下所示：

```
[root@controller ~]# virsh list --all
 Id    名称                    状态
----------------------------------------------------
 -     centos7.5_x86_64              关闭

[root@controller ~]# virsh start centos7.5_x86_64
域 centos7.5_x86_64 已开始

[root@controller ~]# virsh list --all
 Id    名称                    状态
----------------------------------------------------
 1     centos7.5_x86_64            running

[root@controller ~]# netstat -lntp | grep qemu
tcp        0      0 0.0.0.0:5900            0.0.0.0:*               LISTEN
6644/qemu-kvm
```

（5）登录虚拟机

通过 VNC 连接工具访问虚拟机，便可以登录安装好的虚拟机，输入用户名和密码，进行登录，如图 3-8 所示。

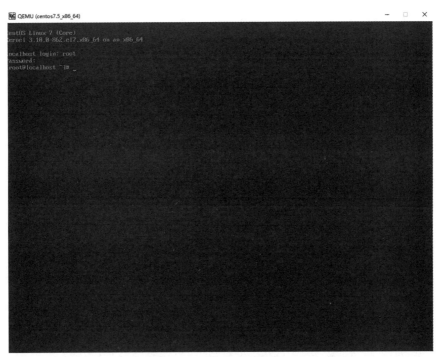

图 3-8　进入虚拟机页面

进入虚拟机后，编辑网卡配置文件 "/etc/sysconfig/network-scripts/ifcfg-ens3"，将 "UUID" 字段删除，修改 "ONBOOT=no" 为 "ONBOOT=yes"。重启网络服务，使虚拟机可以连通外网，代码如下所示：

```
[root@localhost ~]# sed -i 's/ONBOOT=.*/ONBOOT=no/g' /etc/sysconfig/
network-scripts/ifcfg-ens3
    [root@localhost ~]# sed -i '/HWADDR/d' /etc/sysconfig/network-scripts/
ifcfg-ens3
    [root@localhost ~]# sed -i '/UUID/d' /etc/sysconfig/network-scripts/
ifcfg-ens3
```

（6）安装软件

在虚拟机环境中配置阿里 yum 源，命令代码如下所示：

```
[root@localhost ~]# mv /etc/yum.repos.d/CentOS-Base.repo /etc/yum.repos.d/
CentOS-Base.repo.backup
    [root@localhost ~]# wget -O /etc/yum.repos.d/CentOS-Base.repo http://
mirrors.aliyun.com/repo/Centos-7.repo
    [root@localhost ~]# wget -O /etc/yum.repos.d/epel.repo http://mirrors.
aliyun.com/repo/epel-7.repo
```

清理并生成缓存，命令代码如下：

```
[root@localhost ~]# yum clean all
    [root@localhost ~]# yum makecache
```

此时可以在虚拟机中预安装软件服务，在虚拟机中安装"vim"服务，如图 3-9 所示。

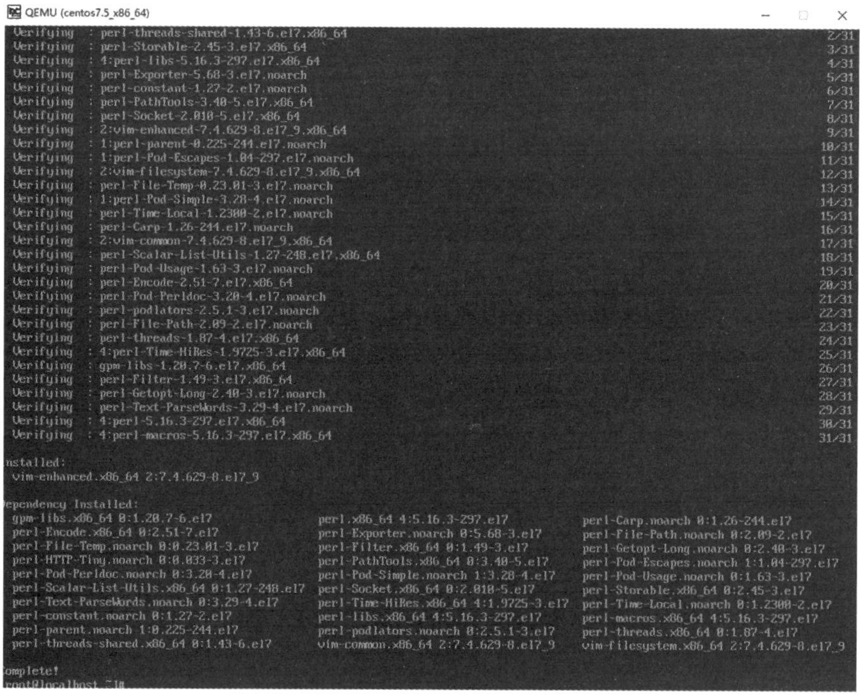

图 3-9　安装服务页面

在虚拟机环境中安装"wget"软件包，命令如下：

```
[root@localhost ]# yum install wget -y
```

（7）安装 Cloud-init

Cloud-init 是专为云环境中虚拟机的初始化而开发的工具，它从各种数据源中读取相关数据并据此对虚拟机进行配置。执行命令安装 Cloud-init 服务，命令代码如下：

```
[root@localhost ]#yum install -y acpid cloud-init cloud-utils jq parted
qemu-guest-agent
……
更新完毕：
  parted.x86_64 0:3.1-32.el7                          qemu-guest-agent.x86_64
10:2.12.0-3.el7

  作为依赖被升级：
    libselinux-utils.x86_64 0:2.5-15.el7    libsemanage.x86_64 0:2.5-14.el7
policycoreutils.x86_64 0:2.5-34.el7

完毕！
```

Cloud-init 服务开启 root 密码登录，配置 SSH 登录配置，命令代码如下：

```
[root@localhost ~]# sed -i 's/disable_root: 1/disable_root: 0/g' /etc/
cloud/cloud.cfg
[root@localhost ~]# sed -i 's/ssh_pwauth:  0/ssh_pwauth:  1/g' /etc/
cloud/cloud.cfg
[root@localhost ~]# sed -i 's/^PasswordAu.*$/PasswordAuthentication yes/'
/etc/ssh/sshd_config
[root@localhost ~]# sed -i 's/^GSSAPIAuthentication yes/GSSAPIAuthen
tication no/' /etc/ssh/sshd_config
[root@localhost ~]# sed -i 's/^#UseDNS.*$/UseDNS no/' /etc/ssh/sshd_config
```

设置 Cloud-init 服务开机自启动，命令代码如下：

```
[root@localhost ~]# systemctl enable acpid cloud-init qemu-guest-agent
[root@localhost ~]# sed -i 's/timeout=5/timeout=2/g' /boot/grub2/grub.cfg
```

（8）生成镜像文件

在生成最后 qcow2 镜像文件之前需要将虚拟机中的环境信息、历史操作记录清空，并将虚拟机关机，命令代码如下：

```
[root@localhost ~]# history -c
[root@localhost ~]# poweroff
```

在宿主机中，通过命令查看虚拟机的运行状态，命令代码如下：

```
[root@controller ~]# virsh list --all
 Id    名称                      状态
----------------------------------------------------
 -     centos7.5_x86_64          关闭
```

对镜像文件进行压缩，进入 qcow2 镜像文件目录，执行压缩镜像文件命令，将镜像文件名称命名为"centos7.5_x86_64.qcow2"，命令代码如下：

```
[root@controller ~]# cd /data/
[root@controller data]# qemu-img convert -c -O qcow2 centos.qcow2 centos7.5_
x86_64.qcow2
```

6. 上传镜像文件

在 OpenStack 平台的 controller 节点中，使用 OpenStack 命令上传镜像文件"centos7.5_x86_64.qcow2"，命令代码如下：

```
[root@controller data]# openstack image create --container-format bare
--disk-format qcow2 --file centos7.5_x86_64.qcow2 centos7.5
+------------------+------------------------------------------------------+
| Field            | Value                                                |
+------------------+------------------------------------------------------+
| checksum         | aba764543345ded43730d34b27da4525                     |
| container_format | bare                                                 |
| created_at       | 2021-01-28T08:02:48Z                                 |
| disk_format      | qcow2                                                |
| file             | /v2/images/0bc5fd25-7eb0-481b-92a0-0b9b538af226/file |
| id               | 0bc5fd25-7eb0-481b-92a0-0b9b538af226                 |
| min_disk         | 0                                                    |
| min_ram          | 0                                                    |
| name             | centos7.5                                            |
| owner            | 563a1bd3cee84608913f046e5a39fffd                     |
| protected        | False                                                |
| schema           | /v2/schemas/image                                    |
| size             | 774242304                                            |
| status           | active                                               |
| tags             |                                                      |
| updated_at       | 2021-01-28T08:03:09Z                                 |
| virtual_size     | None                                                 |
| visibility       | shared                                               |
+------------------+------------------------------------------------------+
```

在 Openstack 平台中查看镜像文件列表信息，命令代码如下：

```
[root@controller data]# glance image-list
+--------------------------------------+-----------+
| ID                                   | Name      |
+--------------------------------------+-----------+
| 0bc5fd25-7eb0-481b-92a0-0b9b538af226 | centos7.5 |
+--------------------------------------+-----------+
```

7. KVM 镜像管理利器

在 CentOS 官方可以下载 GenericCloud，访问 CentOS 官网找到所需的 CentOS 镜像版本下载即可，可以自由选择下载内核版本的镜像，如图 3-10 所示。

| CentOS-7-x86_64-GenericCloud-1801-01.raw.tar.gz | 2018-01-08 21:20 | 365M |
| CentOS-7-x86_64-GenericCloud-1802.qcow2 | 2018-03-07 21:13 | 832M |
| CentOS-7-x86_64-GenericCloud-1802.qcow2.xz | 2018-03-07 21:13 | 257M |
| CentOS-7-x86_64-GenericCloud-1802.qcow2c | 2018-03-07 21:13 | 377M |
| CentOS-7-x86_64-GenericCloud-1802.raw.tar.gz | 2018-03-07 21:15 | 363M |
| CentOS-7-x86_64-GenericCloud-1804_02.qcow2 | 2018-05-19 01:34 | 892M |
| CentOS-7-x86_64-GenericCloud-1804_02.qcow2.xz | 2018-05-19 01:35 | 274M |
| CentOS-7-x86_64-GenericCloud-1804_02.qcow2c | 2018-05-19 01:34 | 404M |
| CentOS-7-x86_64-GenericCloud-1804_02.raw.tar.gz | 2018-05-19 01:46 | 388M |
| CentOS-7-x86_64-GenericCloud-1805.qcow2 | 2018-06-06 22:35 | 895M |
| CentOS-7-x86_64-GenericCloud-1805.qcow2.xz | 2018-06-06 22:35 | 273M |
| CentOS-7-x86_64-GenericCloud-1805.qcow2c | 2018-06-06 22:36 | 404M |
| CentOS-7-x86_64-GenericCloud-1805.raw.tar.gz | 2018-06-06 22:57 | 388M |
| CentOS-7-x86_64-GenericCloud-1808.qcow2 | 2018-09-06 09:18 | 887M |
| CentOS-7-x86_64-GenericCloud-1808.qcow2.xz | 2018-09-06 09:18 | 270M |
| CentOS-7-x86_64-GenericCloud-1808.qcow2c | 2018-09-06 09:18 | 399M |

图 3-10　GenericCloud 镜像

下载 CentOS7 的 qcow2 镜像文件 CentOS-7-x86_64-GenericCloud-1804_02.qcow2c。此镜像文件经过压缩，大小相比 qcow2 版本的镜像文件会小很多。下载的镜像文件需要修改其 root 用户名和密码，可通过 Guestfish 工具运行 qcow2 镜像文件，对其中的文件内容进行修改。

（1）Guestfish

Guestfish 是 Libguestfs 项目中的一个工具软件，提供修改镜像内部配置的功能。它不需要把镜像文件挂载到本地，而是为用户提供一个 Shell 接口，用户可以查看、编辑和删除镜像内的文件。

Guestfish 提供了结构化的 Libguestfs API 访问，可以通过 Shell 脚本、命令行或交互方式访问。它使用 Libguestfs 并公开了 Guestfs API 的所有功能。Libguestfs 是一个用于访问和修改磁盘映像和虚拟机的库。

Guestfish 是一套虚拟机镜像管理的利器，提供一系列对镜像文件进行管理的工具，也提供对外的 API。

Guestfish 主要包含以下工具。

● guestfish interactive shell：挂载镜像文件，并提供一个交互的 Shell。

● guestmount mount guest filesystem in hos：将镜像文件挂载到指定的目录。

● guestumount unmount guest filesystem：卸载镜像文件目录。

● virt-alignment-scan：镜像块对齐扫描。

● virt-builder—quick p_w_picpath builder：快速创建镜像文件。

● virt-cat—display a file：显示镜像中的文件内容。

● virt-copy-in—copy files and directories into a VM：复制文件到镜像内部。

- virt-copy-out—copy files and directories out of a VM：复制镜像文件出来。
- virt-customize—customize virtual machines：定制虚拟机镜像。
- virt-df—free space：查看虚拟机镜像空间的使用情况。
- virt-diff—differences：在不启动虚拟机的情况下，比较虚拟机内部两份文件的差别。
- virt-edit—edit a file：编辑虚拟机内部文件。
- virt-filesystems—display information about filesystems，devices，LVM：显示镜像文件系统信息。
- virt-format—erase and make blank disks：格式化镜像内部磁盘。
- virt-inspector—inspect VM p_w_picpaths：镜像信息测试。
- virt-list-filesystems—list filesystems：列出镜像文件系统。
- virt-list-partitions—list partitions：列出镜像分区信息。
- virt-log—display log files：显示镜像日志。
- virt-ls—list files：列出镜像文件。
- virt-make-fs—make a filesystem：在镜像中创建文件系统。
- virt-p2v—convert physical machine to run on KVM：物理机转虚拟机。
- virt-p2v-make-disk—make P2V ISO：创建物理机转虚拟机 ISO 光盘。
- virt-p2v-make-kickstart—make P2V kickstart：创建物理机转虚拟机 kickstart 文件。
- virt-rescue—rescue shell：虚拟机救援模式。
- virt-resize—resize virtual machines：虚拟机分区大小修改。
- virt-sparsify—make virtual machines sparse（thin-provisioned）：消除镜像稀疏的空洞文件。
- virt-sysprep—unconfigure a virtual machine before cloning：镜像初始化。
- virt-tar—archive and upload files：文件打包并传入/传出镜像。
- virt-tar-in—archive and upload files：文件打包并传入镜像。
- virt-tar-out—archive and download files：文件打包并传出镜像。
- virt-v2v—convert guest to run on KVM：其他格式虚拟机镜像转 KVM 镜像。
- virt-win-reg—export and merge Windows Registry keys windows：注册表导入镜像。
- libguestfs-test-tool—test libguestfs：测试 Libguestfs。
- hivex—extract Windows Registry hive：解压 Windows 注册表文件。
- hivexregedit—merge and export Registry changes from regedit-format files：合并并导出注册表文件内容。
- hivexsh—Windows Registry hive shell window：注册表修改交互的 Shell。
- hivexml—convert Windows Registry hive to XML：将 Windows 注册表转化为 xml。
- hivexget—extract data from Windows Registry hive：得到注册表键值。
- guestfsd— guestfs daemon：guestfs 服务。

在控制节点中安装 Guestfish 工具，命令代码如下：

```
[root@controller ~]# yum install guestfish libguestfs-tools -y
```

通过命令启动 Libvirt 服务，修改/etc/libvirt/qemu.conf 配置文件，命令代码如下：

```
[root@controller ~]# vi +442 /etc/libvirt/qemu.conf
   442 user = "root"
   443
   444 # The group for QEMU processes run by the system instance. It can be
   445 # specified in a similar way to user.
   446 group = "root"
[root@controller ~]# systemctl restart libvirtd
```

虚拟机内部文件管理主要使用以下命令。

① 使用命令查询镜像磁盘空间的使用情况，命令代码如下：

```
[root@controller ~ ]# virt-df -a CentOS-7-x86_64-GenericCloud-1804_02.
qcow2c
文件系统                          1K-blocks 已用空间 可用空间 使用百分比%
CentOS-7-x86_64-GenericCloud-1804_02.qcow2c: /dev/sda1
                                 8377344    871860    7505484    11%
```

② 使用命令查询镜像中指定目录内的文件列表，命令代码如下：

```
[root@controller ~ ]# virt-ls -a CentOS-7-x86_64-GenericCloud-1804_02.
qcow2c/root
.bash_logout
.bash_profile
.bashrc
.cshrc
.tcshrc
anaconda-ks.cfg
original-ks.cfg
```

③ 使用命令显示指定文件中的内容，命令代码如下：

```
[root@controller ~]# virt-cat -a CentOS-7-x86_64-GenericCloud-1804_02.
qcow2c /etc/hosts
  127.0.0.1    localhost localhost.localdomain localhost4 localhost4.
localdomain4
  ::1          localhost localhost.localdomain localhost6 localhost6.
localdomain6
```

④ 使用命令编辑镜像内的指定文件，可与 vi 命令相同，对文件进行编辑，命令代码如下：

```
[root@controller ~]# virt-edit -a CentOS-7-x86_64-GenericCloud-1804_02.
qcow2c /etc/resolv.conf
```

⑤ 使用命令将文件复制到虚拟机内部，命令代码如下：

```
[root@controller ~]# touch test.txt
[root@controller ~ ]# virt-copy-in test.txt -a CentOS-7-x86_64-Generic
Cloud-1804_02.qcow2c /root
```

⑥ 使用命令将虚拟机内部文件复制至宿主机，命令代码如下：

```
[root@controller ~]# virt-copy-out -a CentOS-7-x86_64-GenericCloud-1804_
02.qcow2c /root/test.txt /home/
```

⑦ 使用命令将压缩文件复制到虚拟机并解压。

```
[root@controller ~]# ls
CentOS-7-x86_64-GenericCloud-1804_02.qcow2c  test.tar  test.txt
[root@controller ~]# virt-tar-in -a CentOS-7-x86_64-GenericCloud-1804_
02.qcow2c test.tar /root
```

⑧ 对镜像内指定的目录文件进行复制并压缩。

```
[root@controller ~]# virt-tar-out -a CentOS-7-x86_64-GenericCloud-1804_02.
qcow2c /root files.tar
```

（2）Guestfish 运行方式

使用 openssl 命令生成加密密码，在 qcow2 镜像文件中修改密码时需要设置加密密码，命令代码如下所示：

```
[root@controller ~]# openssl passwd -1 000000
$1$6veodmx7$XIcfkDMw0fofXWWkiA40d0
```

使用 guestfish 命令运行 qcow2 镜像文件，再使用 run 指令运行镜像，命令代码如下：

```
[root@controller ~]# guestfish --rw -a CentOS-7-x86_64-GenericCloud-1804_
02.qcow2c
><fs> run
 100% [██████████████████████████████████████████████]
[████████████████████████████] 00:00
```

对镜像文件系统进行查看，将磁盘挂载至根目录，命令代码如下：

```
><fs> list-filesystems
/dev/sda1: xfs
><fs> mount /dev/sda1 /
><fs> ls /
```

修改 root 用户密码为 000000，开启 root 用户，使用 SSH 远程访问权限。先修改/etc/cloud/cloud.conf 配置文件，再修改使用 SSH 登录访问。修改/etc/shadow 配置文件，将 root 密码设置为 000000，密码加密为上文 openssl 命令，输出代码，命令代码如下：

```
><fs> vi /etc/cloud/cloud.cfg
disable_root: 0
ssh_pwauth:  1
><fs> vi /etc/shadow
root:$1$6veodmx7$XIcfkDMw0fofXWWkiA40d0:17667:0:99999:7:::
><fs> quit
```

通过 Guestfish 工具完成上述修改后，镜像文件中的内容将被修改，可直接使用 OpenStack 命令将它上传镜像文件至 Glance 中。通过启动云主机可使用 root 用户名和 000000 密码进行 SSH 登录访问。

（3）Guestmount 挂载镜像文件

修改 qcow2 镜像文件中的内容，也可以通过 Guestmount 工具进行，在一些使用场景中，直接把虚机镜像文件挂载在本地系统中，这也是一个简便的办法。例如，以下命令：

```
guestmount -a /home/kvm/guest.img -m /dev/VolGroup /lv_root -m /dev/sda1:
/boot --rw /mnt/cdisk/
```

部分参数解释如下。

① -a 参数指定虚拟磁盘。

② -d 参数指定虚拟实例名，即在虚拟机管理器中显示的名称。

③ -m 参数指定要挂载的设备在客户机中的挂载点，如果指定错误，会有错误输出，然后给出正确的挂载点。

④ --rw 表示以读写的形式挂载到宿主机中。

⑤ --ro 表示以只读的形式挂载。

如果不知道客户机中磁盘设备包含的文件系统，可以使用 virt-filesystems 命令检测。检测命令代码如下：

```
[root@controller ~]# virt-filesystems -a CentOS-7-x86_64-GenericCloud-
1804_02.qcow2c
 /dev/sda1
```

可以在 guestmount 命令中加上参数 -i，自动检测客户机磁盘文件并挂载，命令代码如下：

```
[root@controller ~]# guestmount -a CentOS-7-x86_64-GenericCloud-1804_
02.qcow2c -i --rw /mnt/
[root@controller ~]# ls /mnt/
bin boot dev etc home lib lib64 media mnt opt proc root run sbin
srv sys tmp usr var
```

接着便可通过修改 /mnt 目录下的文件对其镜像文件进行修改，使用 rpm 命令查看该虚拟机镜像中安装了哪些 rpm 包，命令代码如下：

```
[root@controller ~]# rpm -qa --dbpath /mnt/var/lib/rpm
```

也可修改其 root 用户登录访问密码，修改 /mnt/etc/shadow 配置文件，将 root 密码更换为加密密码，命令代码如下：

```
[root@controller ~]# vim /mnt/etc/shadow
root:$1$6veodmx7$XIcfkDMw0fofXWWkiA40d0:17667:0:99999:7:::
```

修改 /mnt/etc/cloud/cloud.cfg 文件，开启 root 远程登录访问权限，命令代码如下：

```
[root@controller ~]# vim /mnt/etc/shadow
disable_root: 0
```

```
ssh_pwauth:    1
```

操作完成后即可使用命令取消挂载，命令代码如下：

```
[root@controller ~]# umount /mnt/
```

## 归纳总结

通过本单元的学习，读者应该对 Glance 服务有了一定的认识，熟悉了 Glance 镜像服务的工作流程，以及所支持的镜像格式。通过实操练习，要求掌握如何定制化制作 OpenStack 镜像文件，以及在 OpenStack 中关于镜像服务的操作命令。

## 课后练习

### 一、判断题

1. OpenStack 平台只支持 qcow2 格式的镜像。（　　）
2. 云平台实例的镜像模板功能是通过 glance 组件来实现的。（　　）

### 二、单项选择题

1. 在下列选项当中，哪个是 Glance 查看镜像详情的命令？（　　）

A. glance image-list　　　　　　　　B. glance image-show
C. glance image-display　　　　　　　D. glance image-update

2. Glance 镜像服务采用的是典型的什么架构？（　　）

A. A/S　　　　　　B. B/S　　　　　　C. C/S　　　　　　D. SOA

### 三、多项选择题

1. 下列选项当中，哪些不是 Glance 查看镜像列表的命令？（　　）

A. glance iamges-show　　　　　　　B. glance image-list
C. glance images-list　　　　　　　D. glance image-show

2. 下面关于 Glance 服务的说法中，正确的是（　　）。

A. Glance API 负责接收 Image API 请求，处理 Image 查询和存储等
B. Glance Registry 负责存储、处理和检索 Image 的元数据（大小、类型等）
C. 使用数据库来存储 image 文件的元数据
D. 支持不同的存储仓库来存储 Image 文件，包括 Swift、本地磁盘、RADOS 块

## 技能训练

1. 在 OpenStack 平台控制节点，使用 Glance 命令，创建一个名称为 "cirros" 的镜像，镜像文件使用提供的文件"cirros-0.3.4-x86_64-disk.img"。通过 Glance 命令查看镜像"cirros"的详细信息。

2. 在 OpenStack 平台控制节点，使用 Glance 命令更新镜像名称为 "cirros"、镜像信息 min-disk（min-disk 默认单位为 GB）为 1GB。

# 单元 4　OpenStack 中的网络服务运维

## 学习目标

　　通过本单元的学习，使读者能了解 Neutron 网络服务的工作方式，以及 OpenStack 拥有哪几种网络模式、每种网络模式的工作方式。同时，本单元结合实例，培养读者 Neutron 三种网络模式的创建和使用技能，旨在培养读者对 Neutron 组件动手实操和开拓创新的能力。

## 4.1　Neutron 服务

### 4.1.1　Neutron 服务介绍

Neutron 服务运维与排错
（Neutron 服务）

#### 1. Neutron 服务演变

Neutron 是 OpenStack 的重要组件之一。Neutron 服务的演变如图 4-1 所示。

图 4-1　Neutron 服务的演变

　　OpenStack 网络服务已由 Quantum 改名为 Neutron。Neutron 是 OpenStack 核心项目之一，提供云计算环境下的虚拟网络功能服务。

　　Neutron 的设计目标是实现"网络即服务（Networking as a Service）"。为了达到这一目标，在设计上遵循了基于 SDN（Software-Defined Networking）实现网络虚拟化的原则，在实现上充分利用了 Linux 系统上的各种网络相关技术。

　　Neutron 网络允许用户创建和管理网络对象，如网络（Net）、子网（Subnet）、端口（Port），这些对象可以被其他 OpenStack 服务所利用。插件架构模式增强了 OpenStack 架构和部署的柔韧性，可以适应不同的网络设备和软件。

　　Neutron 为整个 OpenStack 环境提供网络支持，包括二层交换、三层路由、负载均衡、防火墙等。Neutron 提供了一个灵活的框架，通过配置，无论是开源的还是商业软件，都可以被用来实现这些功能。

## 2. OpenStack Networking

网络：在实际的物理环境中，用户使用交换机或者集线器把多个计算机连接起来就形成了网络。在 Neutron 的世界里，网络也将多个不同的云主机连接起来。

子网：在实际的物理环境中，用户可以将一个网络划分成多个逻辑子网。在 Neutron 的世界里，子网也是隶属于网络的。

端口：在实际的物理环境中，每个子网或者网络，都有很多的端口，比如使用交换机端口来连接计算机。在 Neutron 世界中的端口也隶属于子网，云主机的网卡会对应到一个端口上。

路由器：在实际的网络环境下，不同网络或者不同逻辑子网之间如果需要进行通信，就需要通过路由器进行路由。在 Neutron 中的实际路由也用来连接不同的网络或者子网。

## 4.1.2 Neutron 主要组件

### 1. Neutron-Server

它对外提供 OpenStack 网络 API，接收请求，并调用 Plugin 处理请求，它既可以安装在控制节点上也可以安装在网络节点上。

### 2. OpenStack Networking Plug-ins 和 Agents

（1）插件（Plug-ins）处理 Neutron-Server 发来的请求，维护 OpenStack 逻辑网络的状态，并调用 Agents 处理请求。

（2）代理（Agents）处理 Plug-ins 的请求，负责在 Network Provider 上真正实现各种网络功能，比如端口插拔、创建网络或者子网以及提供 IP 地址等。

（3）网络提供商（Network Provider）提供网络服务的虚拟或物理网络设备，例如，Linux Bridge、Open vSwitch 或者其他支持 Neutron 的物理交换机。

（4）公共的代理还包括 L3（路由器）、DHCP 等，它们都被安装在控制节点或者网络节点上。

### 3. Messaging Queue

Neutron Server、Plugin 和 Agents 之间通过 Messaging Queue 进行通信和调用。

### 4. Database

它用于存放 OpenStack 的网络状态信息，包括 Network、Subnet、Port、Router 等。

## 4.1.3 Neutron 的几种网络模式

Neutron 是 OpenStack 项目中负责提供网络服务的组件，它基于软件定义网络的思想，实现了网络虚拟化下的资源管理。OpenStack 常用的三种网络模式为 GRE、VLAN、VXLAN。

### 1. GRE 模式

在 OpenStack 中，所有与网络有关的逻辑管理均在 Network 节点中实现，例如，DNS、DHCP 以及路由等。Compute 节点上只需要对所部属的虚拟机提供基本的网络功能支持，包括隔离不同租户的虚拟机和进行一些基本的安全策略管理（即 Security Group）。如图 4-2 所示，Compute 节点上包括两台虚拟机 VM1 和 VM2，分别经过一个网桥（如 qbr-XXX）连接到 br-int 网桥上。br-int 网桥再经过 br-tun 网桥（物理网络是采用 GRE 实现的）连接到物理主机外部网络。对于物理网络通过 VLAN 来隔离的情况，则一般会存在一个 br-eth 网桥，替代 br-tun 网桥。

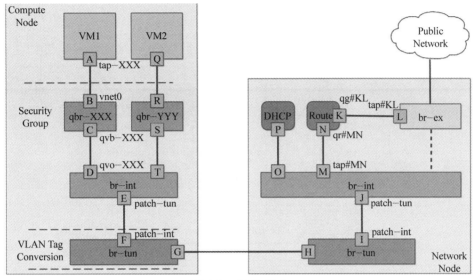

图 4-2　GRE 模式

### 2. VLAN 模式

如图 4-3 所示，VLAN 模式下的系统架构跟 GRE 模式下的类似，需要注意的是，在 VLAN 模式下，VLAN Tag 的转换需要在 br-int 和 br-ethx 两个网桥上相互配合，即 br-int 负责将从 int-br-ethx 过来的包（带外部 VLAN）转换为内部 VLAN，而 br-ethx 负责将从 phy-br-ethx 过来的包（带内部 VLAN）转化为外部的 VLAN。

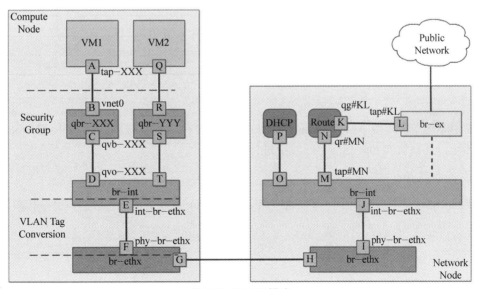

图 4-3　VLAN 模式

### 3. VXLAN 模式

在 VXLAN 模式下，网络的架构跟 GRE 模式的类似，所不同的是，不同节点之间通过 VXLAN 隧道互通，即虚拟化层采用的是 VXLAN 协议，如图 4-4 所示。

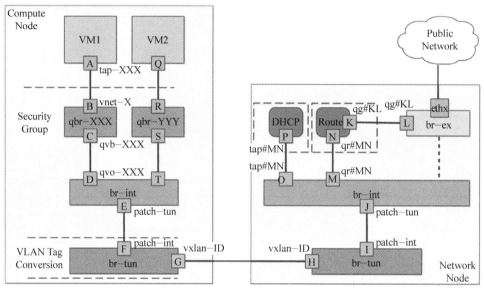

图 4-4  VXLAN 模式

## 4.2  Neutron 网络服务的使用和运维

### 1. 规划节点

OpenStack 环境节点规划见表 4-1。

Neutron 服务
运维与排错

表 4-1  OpenStack 环境节点规划

| IP 地址 | 主机名 | 节点 |
|---|---|---|
| 192.168.100.10 | controller | controller |
| 192.168.100.20 | compute | compute |

### 2. 基础准备

使用本地 PC 环境下由 VMware Workstation 软件启动的双台虚拟机来构建 OpenStack 平台环境，此案例在 OpenStack 环境中进行。

### 3. 网络服务

在 OpenStack 平台环境中，可以通过命令查看 Neutron 服务的运行状态，命令代码如下：

```
[root@controller ~]# openstack network agent list
+------------------------------------+--------------------+-----------
-+-----------------+-------+-------+------------------------+
| ID                                 | Agent Type         | Host      |
```

```
Availability Zone | Alive | State | Binary                    |
   +-------------------------------------+--------------------+-----------
-+------------------+-------+-------+--------------------------+
   | 15da5f8d-14ee-44ec-96de-7349b590e5ad | L3 agent           | controller |
nova            |:-)   | UP    | neutron-l3-agent         |
   | 2190888f-9245-46dc-a883-d8b06c8ec9b0 | Linux bridge agent | compute    |
None            |:-)   | UP    | neutron-linuxbridge-agent |
   | 5c5a5d33-3b7a-40f9-b568-8e5ed53e1070 | Linux bridge agent | controller |
None            |:-)   | UP    | neutron-linuxbridge-agent |
   | d77113e7-5b46-4228-8fc1-58e09e82eac4 | DHCP agent         | controller |
nova            |:-)   | UP    | neutron-dhcp-agent       |
   | f0b64236-472a-463a-955b-57c37b3b6a06 | Metadata agent     | controller |
None            |:-)   | UP    | neutron-metadata-agent   |
   +-------------------------------------+--------------------+-----------
-+------------------+-------+-------+--------------------------+
```

查询 Neutron 服务运行状态后，也可通过命令来查询具体某一个服务的信息，具体命令格式如下：

```
[root@controller ~]# openstack  help network agent show
usage: openstack network agent show [-h] [-f {json,shell,table,value,yaml}]
                              [-c COLUMN] [--max-width <integer>]
                              [--fit-width] [--print-empty] [--noindent]
                              [--prefix PREFIX]
                              <network-agent>

Display network agent details
```

查询 controller 节点下"neutron-Linuxbridge-agent"服务的信息，命令代码如下：

```
[root@controller ~]# openstack  network agent show 5c5a5d33-3b7a-40f9-
b568-8e5ed53e1070
+------------------+------------------------------------------------------
| Field            | Value                                               |
+------------------+------------------------------------------------------
| admin_state_up   | UP                                                  |
| agent_type       | Linux bridge agent                                  |
| alive            |:-)                                                  |
| availability_zone | None                                               |
| binary           | neutron-linuxbridge-agent                           |
| configuration    | {u'tunneling_ip': u'192.168.100.10', u'devices': 0,
u'interface_mappings': {u'provider': u'ens34'}, u'extensions': [], u'l2_
```

```
population': True, u'tunnel_types': [u'vxlan'], u'bridge_mappings': {}} |
| created_at        | 2021-01-25 17:38:37                    |
| description       | None                                   |
| ha_state          | None                                   |
| host              | controller                             |
| id                | 5c5a5d33-3b7a-40f9-b568-8e5ed53e1070   |
| last_heartbeat_at | 2021-01-28 09:24:35                    |
| name              | None                                   |
| started_at        | 2021-01-28 05:52:04                    |
| topic             | N/A                                    |
+-------------------+-------------------------------------------------------
--------------------------------------------------------------------------
--------------------------------------------------------------------+
```

**4. 创建 Flat 类型网络**

在 OpenStack 平台中，Neutron 网络的目的是灵活地划分物理网络，在多租户环境下提供给每个租户独立的网络环境。它可以是被用户创建的对象，如果要和物理环境下的概念映射的话，这个对象相当于一个巨大的交换机，可以拥有无限多个动态可创建和销毁的虚拟端口。

在 OpenStack 平台中存在多种网络模式，目前 Neutron 网络形式主要包括 Flat、VLAN、GRE、VXLAN。

（1）创建网络命令

可以使用"openstack help network create"命令创建网络，具体命令格式如下：

```
[root@controller ~]# openstack help network create
usage: openstack network create [-h] [-f {json,shell,table,value,yaml}]
                                [-c COLUMN] [--max-width <integer>]
                                [--fit-width] [--print-empty] [--noindent]
                                [--prefix PREFIX] [--share | --no-share]
                                [--enable | --disable] [--project <project>]
                                [--description <description>] [--mtu <mtu>]
                                [--project-domain <project-domain>]
                                [--availability-zone-hint <availability-zone>]
                                [--enable-port-security | --disable-port-
security]
                                [--external | --internal]
                                [--default | --no-default]
                                [--qos-policy <qos-policy>]
                                [--transparent-vlan | --no-transparent-vlan]
                                [--provider-network-type <provider-network-
type>]
                                [--provider-physical-network <provider-
physical-network>]
```

```
                          [--provider-segment <provider-segment>]
                          [--tag <tag> | --no-tag]
                          <name>
```

（2）创建 Flat 网络

通过命令创建网络，具体命令代码如下：

```
[root@controller ~]# openstack network create --provider-network-type flat
--provider-physical-network provider network-flat
+---------------------------+--------------------------------------+
| Field                     | Value                                |
+---------------------------+--------------------------------------+
| admin_state_up            | UP                                   |
| availability_zone_hints   |                                      |
| availability_zones        |                                      |
| created_at                | 2021-01-29T06:55:09Z                 |
| description               |                                      |
| dns_domain                | None                                 |
| id                        | 72a94541-ea5c-4b35-b4f5-63ad4a69cccc |
| ipv4_address_scope        | None                                 |
| ipv6_address_scope        | None                                 |
| is_default                | False                                |
| is_vlan_transparent       | None                                 |
| mtu                       | 1500                                 |
| name                      | network-flat                         |
| port_security_enabled     | True                                 |
| project_id                | 563a1bd3cee84608913f046e5a39fffd     |
| provider:network_type     | flat                                 |
| provider:physical_network | provider                             |
| provider:segmentation_id  | None                                 |
| qos_policy_id             | None                                 |
| revision_number           | 2                                    |
| router:external           | Internal                             |
| segments                  | None                                 |
| shared                    | False                                |
| status                    | ACTIVE                               |
| subnets                   |                                      |
| tags                      |                                      |
| updated_at                | 2021-01-29T06:55:10Z                 |
+---------------------------+--------------------------------------+
```

（3）创建子网

创建完网络后需要在网络中创建子网信息，通过 "openstack help subnet create" 命令创建子网，命令代码如下：

```
[root@controller ~]# openstack help subnet create
usage: openstack subnet create [-h] [-f {json,shell,table,value,yaml}]
                               [-c COLUMN] [--max-width <integer>]
                               [--fit-width] [--print-empty] [--noindent]
                               [--prefix PREFIX] [--project <project>]
                               [--project-domain <project-domain>]
                               [--subnet-pool <subnet-pool> | --use-prefix-
delegation USE_PREFIX_DELEGATION | --use-default-subnet-pool]
                               [--prefix-length <prefix-length>]
                               [--subnet-range <subnet-range>]
                               [--dhcp | --no-dhcp] [--gateway <gateway>]
                               [--ip-version {4,6}]
                               [--ipv6-ra-mode {dhcpv6-stateful,dhcpv6-stateless,
slaac}]
                               [--ipv6-address-mode {dhcpv6-stateful,dhcpv6-
stateless,slaac}]
                               [--network-segment <network-segment>] --network
                               <network> [--description <description>]
                               [--allocation-pool start=<ip-address>,end=<ip-
address>]
                               [--dns-nameserver <dns-nameserver>]
                               [--host-route destination=<subnet>,gateway=<ip-
address>]
                               [--service-type <service-type>]
                               [--tag <tag> | --no-tag]
                               name
```

通过命令给 Flat 网络创建一个子网，设置其名称为"subnet-flat"，IP 地址为"192.168.200.0/24"，网关为"192.168.200.1"，开启 DHCP 功能，使 DHCP 地址池为"192.168.200.100-192.168.200.200"，命令代码如下：

```
[root@controller ~]# openstack subnet create  --network network-flat
--allocation-pool  start=192.168.200.100,end=192.168.200.200  --gateway
192.168.200.1 --subnet-range 192.168.200.0/24  subnet-flat
+--------------------+--------------------------------------+
| Field              | Value                                |
+--------------------+--------------------------------------+
| allocation_pools   | 192.168.200.100-192.168.200.200      |
| cidr               | 192.168.200.0/24                     |
| created_at         | 2021-02-01T02:32:46Z                 |
| description        |                                      |
| dns_nameservers    |                                      |
| enable_dhcp        | True                                 |
| gateway_ip         | 192.168.200.1                        |
```

```
| host_routes         |                                        |
| id                  | dfec9a59-e59d-4e0c-bd67-ff27f8bf2fa3 |
| ip_version          | 4                                      |
| ipv6_address_mode   | None                                   |
| ipv6_ra_mode        | None                                   |
| name                | subnet-flat                            |
| network_id          | 72a94541-ea5c-4b35-b4f5-63ad4a69cccc |
| project_id          | 563a1bd3cee84608913f046e5a39fffd      |
| revision_number     | 0                                      |
| segment_id          | None                                   |
| service_types       |                                        |
| subnetpool_id       | None                                   |
| tags                |                                        |
| updated_at          | 2021-02-01T02:32:46Z                  |
+---------------------+----------------------------------------+
```

（4）查看网络信息

使用 "openstack network list" 命令查询平台网络列表信息，命令代码如下：

```
[root@controller ~]# openstack network list
+--------------------------------------+--------------+------------------
--------------------+
| ID                                   | Name         | Subnets
                     |
+--------------------------------------+--------------+------------------
--------------------+
| 72a94541-ea5c-4b35-b4f5-63ad4a69cccc | network-flat | dfec9a59-e59d-4e0c-
bd67-ff27f8bf2fa3 |
+--------------------------------------+--------------+------------------
--------------------+
```

使用 "openstack network show" 命令查询网络详细信息，命令代码如下：

```
[root@controller ~]# openstack network show network-flat
+---------------------------+--------------------------------------+
| Field                     | Value                                |
+---------------------------+--------------------------------------+
| admin_state_up            | UP                                   |
| availability_zone_hints   |                                      |
| availability_zones        | nova                                 |
| created_at                | 2021-01-29T06:55:09Z                |
| description               |                                      |
| dns_domain                | None                                 |
| id                        | 72a94541-ea5c-4b35-b4f5-63ad4a69cccc |
| ipv4_address_scope        | None                                 |
| ipv6_address_scope        | None                                 |
| is_default                | None                                 |
```

```
| is_vlan_transparent        | None                                    |
| mtu                        | 1500                                    |
| name                       | network-flat                            |
| port_security_enabled      | True                                    |
| project_id                 | 563a1bd3cee84608913f046e5a39fffd        |
| provider:network_type      | flat                                    |
| provider:physical_network  | provider                                |
| provider:segmentation_id   | None                                    |
| qos_policy_id              | None                                    |
| revision_number            | 7                                       |
| router:external            | Internal                                |
| segments                   | None                                    |
| shared                     | False                                   |
| status                     | ACTIVE                                  |
| subnets                    | dfec9a59-e59d-4e0c-bd67-ff27f8bf2fa3    |
| tags                       |                                         |
| updated_at                 | 2021-02-01T02:32:46Z                    |
+----------------------------+-----------------------------------------+
```

使用"openstack subnet list"命令查询子网列表信息，命令代码如下：

```
[root@controller ~]# openstack subnet list
+--------------------------------------+-------------+--------------------------------------+------------------+
| ID                                   | Name        | Network                              | Subnet           |
+--------------------------------------+-------------+--------------------------------------+------------------+
| dfec9a59-e59d-4e0c-bd67-ff27f8bf2fa3 | subnet-flat | 72a94541-ea5c-4b35-b4f5-63ad4a69cccc | 192.168.200.0/24 |
+--------------------------------------+-------------+--------------------------------------+------------------+
```

使用"openstack subnet show"命令查询子网详细信息，命令代码如下：

```
[root@controller ~]# openstack subnet show subnet-flat
+------------------+-------------------------------------+
| Field            | Value                               |
+------------------+-------------------------------------+
| allocation_pools | 192.168.200.100-192.168.200.200     |
| cidr             | 192.168.200.0/24                    |
| created_at       | 2021-02-01T02:32:46Z                |
| description      |                                     |
| dns_nameservers  |                                     |
| enable_dhcp      | True                                |
| gateway_ip       | 192.168.200.1                       |
| host_routes      |                                     |
```

```
| id                  | dfec9a59-e59d-4e0c-bd67-ff27f8bf2fa3 |
| ip_version          | 4                                    |
| ipv6_address_mode   | None                                 |
| ipv6_ra_mode        | None                                 |
| name                | subnet-flat                          |
| network_id          | 72a94541-ea5c-4b35-b4f5-63ad4a69cccc |
| project_id          | 563a1bd3cee84608913f046e5a39fffd     |
| revision_number     | 0                                    |
| segment_id          | None                                 |
| service_types       |                                      |
| subnetpool_id       | None                                 |
| tags                |                                      |
| updated_at          | 2021-02-01T02:32:46Z                 |
+---------------------+--------------------------------------+
```

### 5. 创建 VLAN 类型网络

#### （1）创建 VLAN 网络

使用 "openstack network create" 命令创建 VLAN 网络，选择类型为 VLAN，此 VLAN 网段 ID 为 200，命令代码如下：

```
[root@controller ~]# openstack network create --provider-network-type vlan
--provider-physical-network provider network-vlan --provider-segment 200
+---------------------------+--------------------------------------+
| Field                     | Value                                |
+---------------------------+--------------------------------------+
| admin_state_up            | UP                                   |
| availability_zone_hints   |                                      |
| availability_zones        |                                      |
| created_at                | 2021-02-01T02:44:37Z                 |
| description               |                                      |
| dns_domain                | None                                 |
| id                        | ba7ae06b-c959-4b6e-886a-8aeacb1df65f |
| ipv4_address_scope        | None                                 |
| ipv6_address_scope        | None                                 |
| is_default                | False                                |
| is_vlan_transparent       | None                                 |
| mtu                       | 1500                                 |
| name                      | network-vlan                         |
| port_security_enabled     | True                                 |
| project_id                | 563a1bd3cee84608913f046e5a39fffd     |
| provider:network_type     | vlan                                 |
| provider:physical_network | provider                             |
| provider:segmentation_id  | 200                                  |
| qos_policy_id             | None                                 |
```

99

```
| revision_number         | 2                                   |
| router:external         | Internal                            |
| segments                | None                                |
| shared                  | False                               |
| status                  | ACTIVE                              |
| subnets                 |                                     |
| tags                    |                                     |
| updated_at              | 2021-02-01T02:44:37Z                |
+-------------------------+-------------------------------------+
```

（2）创建子网

使用"openstack subnet create"命令创建 VLAN 网络子网，设置 IP 地址为"192.168.200.0/24"，开启 DHCP 功能，设置地址池为"192.168.200.100-192.168.200.200"，设置网关为"192.168.200.1"，命令代码如下：

```
[root@controller ~]# openstack subnet create   --network network-vlan
--allocation-pool  start=192.168.200.100,end=192.168.200.200  --gateway 192.
168.200.1 --subnet-range 192.168.200.0/24  subnet-vlan
+-------------------+--------------------------------------+
| Field             | Value                                |
+-------------------+--------------------------------------+
| allocation_pools  | 192.168.200.100-192.168.200.200      |
| cidr              | 192.168.200.0/24                     |
| created_at        | 2021-02-01T02:47:59Z                 |
| description       |                                      |
| dns_nameservers   |                                      |
| enable_dhcp       | True                                 |
| gateway_ip        | 192.168.200.1                        |
| host_routes       |                                      |
| id                | cd47f1aa-aafc-4ac1-add4-da261fec6aec |
| ip_version        | 4                                    |
| ipv6_address_mode | None                                 |
| ipv6_ra_mode      | None                                 |
| name              | subnet-vlan                          |
| network_id        | ba7ae06b-c959-4b6e-886a-8aeacb1df65f |
| project_id        | 563a1bd3cee84608913f046e5a39fffd     |
| revision_number   | 0                                    |
| segment_id        | None                                 |
| service_types     |                                      |
| subnetpool_id     | None                                 |
| tags              |                                      |
| updated_at        | 2021-02-01T02:47:59Z                 |
+-------------------+--------------------------------------+
```

（3）查看网络信息

通过命令查看网络的列表信息，命令代码如下：

```
[root@controller ~]# openstack network list
+-----------------------------------------+---------------+--------------------------------------+
| ID                                      | Name          | Subnets                              |
+-----------------------------------------+---------------+--------------------------------------+
| 72a94541-ea5c-4b35-b4f5-63ad4a69cccc    | network-flat  | dfec9a59-e59d-4e0c-bd67-ff27f8bf2fa3 |
| ba7ae06b-c959-4b6e-886a-8aeacb1df65f    | network-vlan  | cd47f1aa-aafc-4ac1-add4-da261fec6aec |
+-----------------------------------------+---------------+--------------------------------------+
```

（4）查看子网信息

通过命令查看子网列表信息，命令代码如下：

```
[root@controller ~]# openstack subnet list
+--------------------------------------+-------------+--------------------------------------+------------------+
| ID                                   | Name        | Network                              | Subnet           |
+--------------------------------------+-------------+--------------------------------------+------------------+
| cd47f1aa-aafc-4ac1-add4-da261fec6aec | subnet-vlan | ba7ae06b-c959-4b6e-886a-8aeacb1df65f | 192.168.200.0/24 |
| dfec9a59-e59d-4e0c-bd67-ff27f8bf2fa3 | subnet-flat | 72a94541-ea5c-4b35-b4f5-63ad4a69cccc | 192.168.200.0/24 |
+--------------------------------------+-------------+--------------------------------------+------------------+
```

6. 创建 VXLAN 类型网络

（1）创建 VXLAN 网络

VXLAN 技术是一种大二层的虚拟网络技术，VXLAN 头部包含一个 VXLAN 标识（即 VXLAN Network Identifier，VNI），只有在同一个 VXLAN 上的虚拟机之间才能相互通信。VNI 在数据包中占 24 比特，故可同时支持 1600 万个 VXLAN，远多于 VLAN 的 4094 个，因此可适应大规模租户的部署。

使用--provider-segment 参数可以手动设置 VXLAN 的 ID 段，使用命令创建 VXLAN 网络，命令代码如下：

```
[root@controller ~]# openstack network create --provider-network-type vxlan network-vxlan --provider-segment 5
+---------------------------+--------------------------------------+
| Field                     | Value                                |
```

```
+-------------------------------+-----------------------------------------+
| admin_state_up                | UP                                      |
| availability_zone_hints       |                                         |
| availability_zones            |                                         |
| created_at                    | 2021-02-01T02:58:18Z                    |
| description                   |                                         |
| dns_domain                    | None                                    |
| id                            | ad20a79e-7cfd-4e3a-9111-f2312740a211    |
| ipv4_address_scope            | None                                    |
| ipv6_address_scope            | None                                    |
| is_default                    | False                                   |
| is_vlan_transparent           | None                                    |
| mtu                           | 1450                                    |
| name                          | network-vxlan                           |
| port_security_enabled         | True                                    |
| project_id                    | 563a1bd3cee84608913f046e5a39fffd        |
| provider:network_type         | vxlan                                   |
| provider:physical_network     | None                                    |
| provider:segmentation_id      | 5                                       |
| qos_policy_id                 | None                                    |
| revision_number               | 2                                       |
| router:external               | Internal                                |
| segments                      | None                                    |
| shared                        | False                                   |
| status                        | ACTIVE                                  |
| subnets                       |                                         |
| tags                          |                                         |
| updated_at                    | 2021-02-01T02:58:18Z                    |
+-------------------------------+-----------------------------------------+
```

（2）创建子网

使用"openstack subnet create"命令创建 VXLAN 网络子网，设置 IP 地址为"192.168.200.0/24"，开启 DHCP 功能，设置地址池为"192.168.200.100-192.168.200.200"，设置网关为"192.168.200.1"。命令代码如下：

```
[root@controller ~]# openstack subnet create  --network network-vxlan
--allocation-pool    start=192.168.200.100,end=192.168.200.200    --gateway
192.168.200.1 --subnet-range 192.168.200.0/24  subnet-vxlan
+-------------------+-------------------------------------+
| Field             | Value                               |
+-------------------+-------------------------------------+
| allocation_pools  | 192.168.200.100-192.168.200.200     |
| cidr              | 192.168.200.0/24                    |
| created_at        | 2021-02-01T03:09:06Z                |
```

```
| description        |                                          |
| dns_nameservers    |                                          |
| enable_dhcp        | True                                     |
| gateway_ip         | 192.168.200.1                            |
| host_routes        |                                          |
| id                 | 872e7a26-a70d-458a-babc-e0ca75bf6568     |
| ip_version         | 4                                        |
| ipv6_address_mode  | None                                     |
| ipv6_ra_mode       | None                                     |
| name               | subnet-vxlan                             |
| network_id         | ad20a79e-7cfd-4e3a-9111-f2312740a211     |
| project_id         | 563a1bd3cee84608913f046e5a39fffd         |
| revision_number    | 0                                        |
| segment_id         | None                                     |
| service_types      |                                          |
| subnetpool_id      | None                                     |
| tags               |                                          |
| updated_at         | 2021-02-01T03:09:06Z                     |
+--------------------+------------------------------------------+
```

（3）查看网络信息

通过命令查看网络的列表信息，命令代码如下：

```
[root@controller ~]# openstack network list
+--------------------------------------+---------------+------------------
---------------------+
| ID                                   | Name          | Subnets          |
+--------------------------------------+---------------+------------------
---------------------+
| 72a94541-ea5c-4b35-b4f5-63ad4a69cccc | network-flat  | dfec9a59-e59d-
4e0c-bd67-ff27f8bf2fa3 |
| ad20a79e-7cfd-4e3a-9111-f2312740a211 | network-vxlan | 872e7a26-a70d-
458a-babc-e0ca75bf6568 |
| ba7ae06b-c959-4b6e-886a-8aeacb1df65f | network-vlan  | cd47f1aa-aafc-
4ac1-add4-da261fec6aec |
+--------------------------------------+---------------+------------------
---------------------+
```

（4）查看子网信息

通过命令查看子网列表信息，命令代码如下：

```
[root@controller ~]# openstack subnet list
+--------------------------------------+-------------+-----------------
---------------------+-----------------+
| ID                                   | Name        | Network
```

```
| Subnet          |
   +------------------------------------+---------------+-----------------
---------------------+------------------+
   | 872e7a26-a70d-458a-babc-e0ca75bf6568 | subnet-vxlan | ad20a79e-7cfd-4e3a-
9111-f2312740a211 | 192.168.200.0/24 |
   | cd47f1aa-aafc-4ac1-add4-da261fec6aec | subnet-vlan  | ba7ae06b-c959-4b6e-
886a-8aeacb1df65f | 192.168.200.0/24 |
   | dfec9a59-e59d-4e0c-bd67-ff27f8bf2fa3 | subnet-flat  | 72a94541-ea5c-4b35-
b4f5-63ad4a69cccc | 192.168.200.0/24 |
   +------------------------------------+---------------+-----------------
---------------------+------------------+
```

### 7. 删除网络

（1）删除网络

通过"openstack help network delete"命令删除网络，命令格式如下：

```
[root@controller ~]# openstack help network delete
usage: openstack network delete [-h] <network> [<network> ...]

Delete network(s)

positional arguments:
  <network>  Network(s) to delete(name or ID)
```

首先使用命令删除"network-vxlan"网络，然后查询删除后的网络列表信息，命令代码如下：

```
[root@controller ~]# openstack network delete network-vxlan
[root@controller ~]# openstack network list
   +------------------------------------+---------------+-----------------
---------------------+
   | ID                                 | Name          | Subnets          |
   +------------------------------------+---------------+-----------------
---------------------+
   | 9a0f6bf1-ebfe-42f6-901a-175d58d57689 | network-flat | 8ddce96f-a6ca-4ea3-
80aa-7ca1461b2e40 |
   | ba7ae06b-c959-4b6e-886a-8aeacb1df65f | network-vlan  | cd47f1aa-aafc-
4ac1-add4-da261fec6aec |
   +------------------------------------+---------------+-----------------
---------------------+
```

（2）删除子网

通过"openstack help subnet delete"命令删除子网，命令格式如下：

```
[root@controller ~]# openstack help subnet delete
usage: openstack subnet delete [-h] <subnet> [<subnet> ...]
```

```
Delete subnet(s)

positional arguments:
  <subnet>    Subnet(s) to delete(name or ID)
```

首先使用命令删除"subnet-vlan"子网，然后查询删除后的子网列表信息，命令代码如下：

```
[root@controller ~]# openstack subnet delete subnet-vlan
[root@controller ~]# openstack subnet list
+--------------------------------------+-------------+------------------
--------------------+-----------------+
| ID                                   | Name        | Network
| Subnet        |
+--------------------------------------+-------------+------------------
--------------------+-----------------+
| 8ddce96f-a6ca-4ea3-80aa-7ca1461b2e40 | subnet-flat | 9a0f6bf1-ebfe-42f6-
901a-175d58d57689 | 192.168.200.0/24 |
+--------------------------------------+-------------+------------------
--------------------+-----------------+
```

8. 安全组

（1）安全组

安全组，翻译成英文是 Security Group。安全组是一些规则的集合，用来对虚拟机的访问流量加以限制，这反映到底层，就是给虚拟机所在的宿主机添加 Iptables 规则。

可以定义 $n$ 个安全组，每个安全组可以有 $n$ 个规则，可以给每个实例绑定 $n$ 个安全组，Nova 中总有一个 default 安全组，这个安全组是不能被删除的。创建实例的时候，如果不指定安全组，会默认使用这个 default 安全组。

在控制节点使用 openStack 命令创建安全组，命令格式如下：

```
[root@controller ~]# openstack  help security group create
 usage: openstack security group create [-h] [-f {json,shell,table,value,yaml}]
                                 [-c COLUMN] [--max-width <integer>]
                                 [--fit-width] [--print-empty]
                                 [--noindent] [--prefix PREFIX]
                                 [--description <description>]
                                 [--project <project>]
                                 [--project-domain <project-domain>]
                                 <name>
```

在控制节点使用 OpenStack 命令创建名为 test 的安全组，命令代码如下：

```
[root@controller ~]# openstack security group create test
+---------------+--------------------------------------------------
```

```
+-----------------------------------------------------------------------
----------------------+
   | Field             | Value                                          |
   +-----------------+-----------------------------------------------------
----------------------+
   | created_at        | 2021-09-28T05:36:27Z                           |
   | description       | test                                           |
   | id                | cd4b949b-775f-4973-b12b-c362aec0ffe8           |
   | name              | test                                           |
   | project_id        | 55b50cbb4dd4459b873cb15a8b03db43               |
   | revision_number   | 2                                              |
   | rules             | created_at='2021-09-28T05:36:28Z', direction='egress',
ethertype='IPv6',  id='7462652a-4af2-4388-9f61-de0975b692  2f',  updated_at=
'2021-09-28T05:36:28Z' |
   |                   | created_at='2021-09-28T05:36:28Z', direction= 'egress',
ethertype='IPv4',   id='7a3336bf-ac42-46cb-af7e-592c1253ec95',   updated_at=
'2021-09-28T05:36:28Z' |
   | updated_at        | 2021-09-28T05:36:28Z                           |
   +-----------------+-----------------------------------------------------
----------------------+
```

（2）查询安全组

在控制节点使用 OpenStack 命令查询安全组列表信息，命令代码如下：

```
[root@controller ~]# openstack  security  group  list
   +------------------------------------+----------+----------------------
--+---------------------------------+
   | ID                                 | Name     | Description          | Project |
   +------------------------------------+----------+----------------------
--+---------------------------------+
   | ca323c14-45af-4751-b8df-71a144099b82 | default | Default security group
| 55b50cbb4dd4459b873cb15a8b03db43 |
   | cd4b949b-775f-4973-b12b-c362aec0ffe8 | test     | test                 |
55b50cbb4dd4459b873cb15a8b03db43 |
   +------------------------------------+----------+----------------------
--+---------------------------------+
```

所查询出来的列表信息为当前租户下所有的安全组列表，每个租户拥有不同的安全组，
通过管理员权限加 all 参数可查询所有租户下所有安全组的列表信息。

在控制节点查询 default 安全组中的策略列表信息，命令代码如下：

```
[root@controller ~]# openstack  security  group  rule  list default
   +------------------------------------+-------------+----------+-------
```

```
-----+-------------------------------------+
  | ID                                   | IP Protocol | IP Range | Port Range | Remote
Security Group                |
  +-------------------------------------+-------------+----------+-------
-----+-------------------------------------+
  | 941011ad-77b4-4ddc-9657-0f3f05395dbd | None        | None     |          |
None                          |
  | b589c512-330f-4640-ba23-10e24ca02fc6 | None        | None     |          |
ca323c14-45af-4751-b8df-71a144099b82 |
  | e22c2976-933a-45a5-99b9-a84b8988cd45 | None        | None     |          |
ca323c14-45af-4751-b8df-71a144099b82 |
  | f7a7ea41-0ae9-4f28-bcb7-167000e8920b | None        | None     |          |
None                          |
  +-------------------------------------+-------------+----------+-------
-----+-------------------------------------+
```

默认 default 安全组中只放行了虚拟机通外的外部策略，并没有放行外部连通虚拟机策略，如果创建出来的虚拟机需要外部访问其服务，需要修改安全组规则添加放行策略。

（3）添加 ICMP 规则

在控制节点可使用 OpenStack 命令在 default 安全组中添加放行规则，添加命令格式如下：

```
[root@controller ~]# openstack help security group rule create
usage: openstack security group rule create [-h]
                                    [-f {json,shell,table,value,yaml}]
                                    [-c COLUMN]
                                    [--max-width <integer>]
                                    [--fit-width] [--print-empty]
                                    [--noindent] [--prefix PREFIX]
                                    [--remote-ip <ip-address> | --remote-
group <group>]
                                    [--description <description>]
                                    [--dst-port <port-range>]
                                    [--icmp-type <icmp-type>]
                                    [--icmp-code <icmp-code>]
                                    [--protocol <protocol>]
                                    [--ingress | --egress]
                                    [--ethertype <ethertype>]
                                    [--project <project>]
                                    [--project-domain <project-domain>]
                                    <group>
```

首先使用命令放行外部网络，再使用 ping 命令访问虚拟机，然后 ping 所属 ICMP 协议，最后添加 ICMP 协议放行策略。命令代码如下：

```
[root@controller ~]# openstack security group rule create --protocol icmp
--dst-port 0:0 default
+-------------------+--------------------------------------+
| Field             | Value                                |
+-------------------+--------------------------------------+
| created_at        | 2021-09-28T06:22:36Z                 |
| description       |                                      |
| direction         | ingress                              |
| ether_type        | IPv4                                 |
| id                | a1641973-7e0f-487d-a764-967839be42e4 |
| name              | None                                 |
| port_range_max    | None                                 |
| port_range_min    | None                                 |
| project_id        | 55b50cbb4dd4459b873cb15a8b03db43     |
| protocol          | icmp                                 |
| remote_group_id   | None                                 |
| remote_ip_prefix  | 0.0.0.0/0                            |
| revision_number   | 0                                    |
| security_group_id | ca323c14-45af-4751-b8df-71a144099b82 |
| updated_at        | 2021-09-28T06:22:36Z                 |
+-------------------+--------------------------------------+
```

在多数情况下，用户需要对策略进行控制，不允许多余的 IP 地址对虚拟机进行 ping 操作，所以在添加策略时，需要对源地址进行限制，限制可通过的 IP 地址为用户地址段，命令代码如下：

```
[root@controller ~]# openstack security group rule create --protocol icmp
--dst-port 0:0 --remote-ip 192.168.100.0/24 default
+-------------------+--------------------------------------+
| Field             | Value                                |
+-------------------+--------------------------------------+
| created_at        | 2021-09-28T07:25:41Z                 |
| description       |                                      |
| direction         | ingress                              |
| ether_type        | IPv4                                 |
| id                | 04f14d06-da2c-49de-b7be-ea19b18086d5 |
| name              | None                                 |
| port_range_max    | None                                 |
| port_range_min    | None                                 |
| project_id        | 55b50cbb4dd4459b873cb15a8b03db43     |
| protocol          | icmp                                 |
| remote_group_id   | None                                 |
| remote_ip_prefix  | 192.168.100.0/24                     |
| revision_number   | 0                                    |
```

```
| security_group_id | ca323c14-45af-4751-b8df-71a144099b82 |
| updated_at        | 2021-09-28T07:25:41Z                 |
+-------------------+--------------------------------------+
```

使用命令查询安全组策略列表信息，命令代码如下：

```
[root@controller ~]# openstack security group rule list default
+--------------------------------------+-------------+-------------------+---
----------+--------------------------------------+
| ID                                   | IP Protocol | IP Range          | Port Range
| Remote Security Group                |
+--------------------------------------+-------------+-------------------+---
----------+--------------------------------------+
| 04f14d06-da2c-49de-b7be-ea19b18086d5 | icmp        | 192.168.100.0/24  |
| None                                 |
| 941011ad-77b4-4ddc-9657-0f3f05395dbd | None        | None              |
| None                                 |
| b589c512-330f-4640-ba23-10e24ca02fc6 | None        | None              |
| ca323c14-45af-4751-b8df-71a144099b82 |
| e22c2976-933a-45a5-99b9-a84b8988cd45 | None        | None              |
| ca323c14-45af-4751-b8df-71a144099b82 |
| f7a7ea41-0ae9-4f28-bcb7-167000e8920b | None        | None              |
| None                                 |
+--------------------------------------+-------------+-------------------+---
----------+--------------------------------------+
```

（4）添加 TCP 规则

使用命令添加外部网络访问虚拟机 TCP 协议策略，命令代码如下：

```
[root@controller ~]# openstack security group rule create --protocol tcp
--remote-ip 0.0.0.0/0 default
+-------------------+--------------------------------------+
| Field             | Value                                |
+-------------------+--------------------------------------+
| created_at        | 2021-09-28T07:04:47Z                 |
| description       |                                      |
| direction         | ingress                              |
| ether_type        | IPv4                                 |
| id                | 34e9f0bb-96fa-48e2-965e-c4ba5843977e |
| name              | None                                 |
| port_range_max    | None                                 |
| port_range_min    | None                                 |
| project_id        | 55b50cbb4dd4459b873cb15a8b03db43     |
| protocol          | tcp                                  |
| remote_group_id   | None                                 |
| remote_ip_prefix  | 0.0.0.0/0                            |
| revision_number   | 0                                    |
```

```
| security_group_id | ca323c14-45af-4751-b8df-71a144099b82 |
| updated_at        | 2021-09-28T07:04:47Z                 |
+-------------------+--------------------------------------+
```

使用命令查询 default 安全组所有策略列表信息，命令代码如下：

```
[root@controller ~]# openstack security group rule list default
+--------------------------------------+-------------+------------------+-----------+--------------------------------------+
| ID                                   | IP Protocol | IP Range         | Port Range| Remote Security Group                |
+--------------------------------------+-------------+------------------+-----------+--------------------------------------+
| 04f14d06-da2c-49de-b7be-ea19b18086d5 | icmp        | 192.168.100.0/24 |           | None                                 |
| 485be8a3-0e7f-4a58-a06a-513e257d8957 | tcp         | 0.0.0.0/0        |           | None                                 |
| 941011ad-77b4-4ddc-9657-0f3f05395dbd | None        | None             |           | None                                 |
| a1641973-7e0f-487d-a764-967839be42e4 | icmp        | 0.0.0.0/0        |           | None                                 |
| b589c512-330f-4640-ba23-10e24ca02fc6 | None        | None             |           | ca323c14-45af-4751-b8df-71a144099b82 |
| e22c2976-933a-45a5-99b9-a84b8988cd45 | None        | None             |           | ca323c14-45af-4751-b8df-71a144099b82 |
| f7a7ea41-0ae9-4f28-bcb7-167000e8920b | None        | None             |           | None                                 |
+--------------------------------------+-------------+------------------+-----------+--------------------------------------+
```

（5）添加 UDP 放行规则

使用命令添加外部网络访问内部虚拟机的 UDP 放行规则，命令代码如下：

```
[root@controller ~]# openstack security group rule create --protocol udp
--remote-ip 0.0.0.0/0 default
+-------------------+--------------------------------------+
| Field             | Value                                |
+-------------------+--------------------------------------+
| created_at        | 2021-09-28T07:24:22Z                 |
| description       |                                      |
| direction         | ingress                              |
| ether_type        | IPv4                                 |
| id                | dc43a567-0f33-4d88-8228-c23db4f4553e |
| name              | None                                 |
| port_range_max    | None                                 |
| port_range_min    | None                                 |
| project_id        | 55b50cbb4dd4459b873cb15a8b03db43     |
| protocol          | udp                                  |
| remote_group_id   | None                                 |
```

```
| remote_ip_prefix   | 0.0.0.0/0                            |
| revision_number    | 0                                    |
| security_group_id  | ca323c14-45af-4751-b8df-71a144099b82 |
| updated_at         | 2021-09-28T07:24:22Z                 |
+--------------------+--------------------------------------+
```

使用命令查询 default 安全组所有策略列表信息，命令代码如下：

```
[root@controller ~]# openstack  security group rule list default
+--------------------------------------+-------------+-------------------
+------------+--------------------------------------+
| ID                                   | IP Protocol | IP Range
| Remote Security Group                |
+--------------------------------------+-------------+-------------------
+------------+--------------------------------------+
| 04f14d06-da2c-49de-b7be-ea19b18086d5 | icmp        | 192.168.100.0/24 |
| None                                 |
| 485be8a3-0e7f-4a58-a06a-513e257d8957 | tcp         | 0.0.0.0/0        |
| None                                 |
| 941011ad-77b4-4ddc-9657-0f3f05395dbd | None        | None             |
| None                                 |
| a1641973-7e0f-487d-a764-967839be42e4 | icmp        | 0.0.0.0/0        |
| None                                 |
| b589c512-330f-4640-ba23-10e24ca02fc6 | None        | None             |
| ca323c14-45af-4751-b8df-71a144099b82 |
| dc43a567-0f33-4d88-8228-c23db4f4553e | udp         | 0.0.0.0/0        |
| None                                 |
| e22c2976-933a-45a5-99b9-a84b8988cd45 | None        | None             |
| ca323c14-45af-4751-b8df-71a144099b82 |
| f7a7ea41-0ae9-4f28-bcb7-167000e8920b | None        | None             |
| None                                 |
+--------------------------------------+-------------+-------------------
+------------+--------------------------------------+
```

（6）删除策略

在控制节点可通过命令删除所添加在安全组中的放行策略，命令代码如下：

```
[root@controller ~]# openstack help security group rule delete
usage: openstack security group rule delete [-h] <rule> [<rule> ...]

Delete security group rule(s)

positional arguments:
  <rule>     Security group rule(s) to delete(ID only)

optional arguments:
  -h, --help  show this help message and exit
```

使用命令删除 default 安全组中所添加的 ICMP 放行规则，命令代码如下：

```
[root@controller ~]# openstack security group rule delete 04f14d06-da2c-
49de-b7be-ea19b18086d5
```

使用命令删除所创建的 test 安全组，命令代码如下：

```
[root@controller ~]# openstack security group delete test
```

## 归纳总结

通过本单元的学习，读者应该对 Neutron 网络服务有了一定的认识，也熟悉了 Neutron 几种网络模式的工作方式，每种网络对应不同的应用场景。通过实操练习，读者应该掌握 Neutron 服务的基本操作命令以及 OpenStack 网络的创建和使用。

## 课后练习

### 一、判断题

1. 云平台网络中的 GRE 网络不可以通过命令进行创建。（　　）

2. OpenStack Networking（Neutron），允许创建、插入接口设备，这些设备由其他的 OpenStack 服务管理。插件式的实现可以容纳不同的网络设备和软件，为 OpenStack 架构与部署提供了灵活性。（　　）

### 二、单项选择题

1. 下列选项当中，哪个是 Neutron 查询网络服务列表信息命令？（　　）

A. neutron agent-list                  B. neutron network-show

C. neutron agent-show               D. neutron network-list

2. Neutron 调用什么软件实现网络的规划与管理？（　　）

A. openvpn        B. opensoft        C. libreoffice        D. openvswitch

### 三、多项选择题

1. 下列选项当中，哪些不是 Neutron 查询网络详情的命令？（　　）

A. neutron agent-list                  B. neutron net-list

C. neutron agent-show               D. neutron net-show

2. Neutron 网络形式主要包括以下哪些？（　　）

A. Flat        B. VLAN        C. GRE        D. VXLAN

## 技能训练

1. 在 OpenStack 平台控制节点，使用 Neutron 命令，查询网络服务列表信息中的 "binary" 一列，并且查询网络 sharednet1 的详细信息。

2. 在 OpenStack 平台控制节点，使用 Neutron 命令，查询网络服务 DHCP Agent 的详细信息。

# 单元 5　OpenStack 中的计算服务运维

## 学习目标

　　通过本单元的学习，要求读者能了解 Nova 计算服务的架构和申请云主机的流程、通过 Nova 申请云主机需要与 OpenStack 平台组件进行的交互流程；培养读者掌握创建虚拟机、创建实例类型、管理虚拟机等技能；培养读者对 Nova 组件自主管理和开拓创新的能力。

## 5.1　Nova 计算服务

### 1. Nova 简介

Nova 服务运维与排错
（Nova 计算服务）

　　计算服务是 OpenStack 最核心的服务之一，负责维护和管理云环境的计算资源，它在 OpenStack 项目中的代号是 Nova。

　　Nova 自身并没有提供任何虚拟化能力，它提供计算服务，使用不同的虚拟化驱动来与底层支持的 Hypervisor（虚拟机管理器）进行交互。所有的计算实例（虚拟服务器）由 Nova 进行生命周期的调度管理（启动、挂起、停止、删除等）。

　　Nova 需要 Keystone、Glance、Neutron、Cinder 和 Swift 等其他服务的支持，能与这些服务集成，实现如加密磁盘、裸金属计算实例等。

### 2. Nova 架构

　　Nova 项目最初的源代码由美国国家航空航天局（NASA）贡献，截至 Ocata 版本，Nova 项目已发行了 15 个版本，也是社区所有项目中最为成熟的和用户生产环境部署率最高的项目。在 2010 年 OpenStack 项目成立之初，Nova 项目主要分为 Nova-Compute、Nova-Volume 和 Nova-Network 三大功能模块。在 2012 年 9 月 OpenStack 的 Folsom 版本发行时，社区才将 Nova-Volume 和 Nova-Network 独立出来分别构建了 Cinder 和 Quantum 项目（后因商标原因更名为 Neutron 项目）。在 OpenStack 的 A 至 E 版本中，OpenStack Nova 项目的逻辑架构，如图 5-1 所示，其中，除了 Nova-Compute、Nova-Volume 和 Nova-Network 三大功能模块之外，还有处理 RESTful API 请求的 Nova-API 模块、调度 Nova-Compute 的 Nova-Scheduler 模块、用以模块信息交互的消息队列系统和配置及状态数据存储的数据库。而在早期的 OpenStack 版本中，仅有 Nova、Swift 和 Glance 三大项目，如果用户不准备使用对象存储 Swift，则 Nova 和 Glance 项目即构成了早期的 OpenStack 云平台。

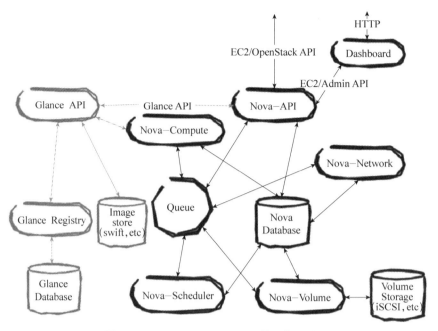

图 5-1　OpenStack Nova 项目的逻辑架构图

在 OpenStack 的 Folsom 版本发行后，Nova-Volume 和 Nova-Network 被独立成为块存储 Cinder 项目和网络 Neutron 项目，而 Nova 自身的功能模块也被不断细分，除了 Nova-Compute 和 Nova-API 功能模块，以及消息队列和数据库之外，Nova 项目还构建了 Nova-Cert、Nova-Conductor、Nova-Consoleauth 和 Nova-Console 等模块。块存储 Cinder 项目和网络服务 Neutron 独立后，OpenStack 中三大核心功能计算、存储和网络项目之间的逻辑架构，如图 5-2 所示。

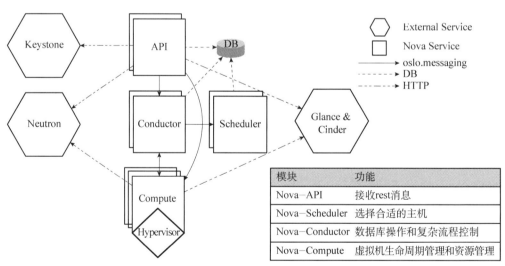

图 5-2　OpenStack 中三大核心功能计算、存储和网络项目之间的逻辑结构

3. 申请云主机流程图

用户请求云主机的流程涉及认证服务 Keystone、计算服务 Nova、镜像服务 Glance，在

服务流程中，令牌（Token）作为流程认证传递。具体服务申请认证机制流程，如图 5-3 所示。

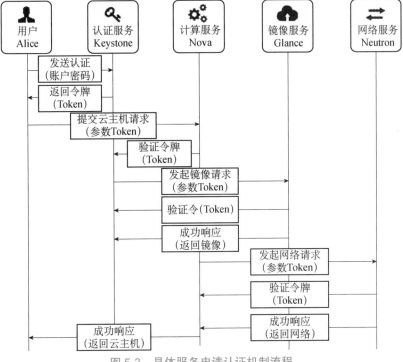

图 5-3 具体服务申请认证机制流程

## 5.2 Nova 计算服务的使用和运维

1. 规划节点

OpenStack 环境节点规划见表 5-1。

Nova 服务运维与排错

表 5-1 OpenStack 环境节点规划

| IP 地址 | 主机名 | 节点 |
| --- | --- | --- |
| 192.168.100.10 | controller | controller |
| 192.168.100.20 | compute | compute |

2. 基础准备

使用本地 PC 环境下由 VMware Workstation 软件启动的双台虚拟机来构建 OpenStack 平台环境，此案例在 OpenStack 环境中进行。

（1）查看计算服务

使用"openstack compute service list"命令查看计算服务状态，命令代码如下：

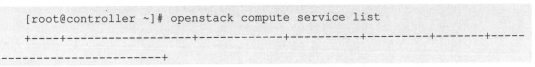

```
[root@controller ~]# openstack compute service list
+----+----------------+------------+----------+---------+-------+-----
----------------------+
```

```
| ID | Binary         | Host       | Zone     | Status   | State | Updated At |
+----+----------------+------------+----------+----------+-------+-----
-----------------------+
| 1  | nova-scheduler   | controller | internal | enabled | up    |
2021-02-01T06:07:10.000000 |
| 2  | nova-conductor   | controller | internal | enabled | up    |
2021-02-01T06:07:09.000000 |
| 3  | nova-consoleauth | controller | internal | enabled | up    |
2021-02-01T06:07:06.000000 |
| 6  | nova-compute     | compute    | nova     | enabled | up    |
2021-02-01T06:07:01.000000 |
+----+----------------+------------+----------+----------+-------+-----
-----------------------+
```

（2）查看计算节点

使用"openstack hypervisor list"命令查看当前 OpenStack 平台中的计算节点，命令代码如下：

```
[root@controller ~]# openstack  hypervisor list
+----+---------------------+-----------------+----------------+-------+
| ID | Hypervisor Hostname | Hypervisor Type | Host IP        | State |
+----+---------------------+-----------------+----------------+-------+
| 1  | compute             | QEMU            | 192.168.100.20 | up    |
+----+---------------------+-----------------+----------------+-------+
```

### 3. 创建 flavor 类型

flavor 类型为 OpenStack 在创建云主机时需要提供的云主机大小类型，云主机的资源大小可使用不同的 flavor 类型来定义。

（1）创建 flavor 类型

```
[root@controller ~]# openstack help  flavor create
usage: openstack flavor create [-h] [-f {json,shell,table,value,yaml}]
                               [-c COLUMN] [--max-width <integer>]
                               [--fit-width] [--print-empty] [--noindent]
                               [--prefix PREFIX] [--id <id>] [--ram <size-mb>]
                               [--disk <size-gb>] [--ephemeral <size-gb>]
                               [--swap <size-mb>] [--vcpus <vcpus>]
                               [--rxtx-factor <factor>] [--public | --private]
                               [--property <key=value>] [--project <project>]
                               [--project-domain <project-domain>]
                               <flavor-name>

Create new flavor
```

使用命令创建一个 flavor，硬盘大小为 10GB，内存为 1GB，2 颗 vCPU，ID 为 1，名称为 centos，命令代码如下：

```
[root@controller ~]# openstack flavor create --disk 10 --ram 1024  --vcpus
2 --id 1 centos
+----------------------------+------------+
| Field                      | Value      |
+----------------------------+------------+
| OS-FLV-DISABLED:disabled   | False      |
| OS-FLV-EXT-DATA:ephemeral  | 0          |
| disk                       | 10         |
| id                         | 1          |
| name                       | centos     |
| os-flavor-access:is_public | True       |
| properties                 |            |
| ram                        | 1024       |
| rxtx_factor                | 1.0        |
| swap                       |            |
| vcpus                      | 2          |
+----------------------------+------------+
```

（2）查看 flavor 类型

使用 "openstack flavor list" 命令查看 flavor 类型列表，命令代码如下：

```
[root@controller ~]# openstack flavor list
+----+--------+-----+------+-----------+-------+-----------+
| ID | Name   | RAM | Disk | Ephemeral | VCPUs | Is Public |
+----+--------+-----+------+-----------+-------+-----------+
| 1  | centos | 1024| 10   | 0         | 2     | True      |
+----+--------+-----+------+-----------+-------+-----------+
```

也可以使用 "openstack help flavor show" 命令查看具体的 flavor 类型的详细信息，命令代码如下：

```
[root@controller ~]# openstack help flavor show
usage: openstack flavor show [-h] [-f {json,shell,table,value,yaml}]
                             [-c COLUMN] [--max-width <integer>] [--fit-width]
                             [--print-empty] [--noindent] [--prefix PREFIX]
                             <flavor>
```

通过命令查看创建的 "centos" 的 flavor 类型详细信息，命令代码如下：

```
[root@controller ~]# openstack flavor show centos
+----------------------------+------------+
| Field                      | Value      |
+----------------------------+------------+
| OS-FLV-DISABLED:disabled   | False      |
```

```
| OS-FLV-EXT-DATA:ephemeral    | 0         |
| access_project_ids           | None      |
| disk                         | 10        |
| id                           | 1         |
| name                         | centos    |
| os-flavor-access:is_public   | True      |
| properties                   |           |
| ram                          | 1024      |
| rxtx_factor                  | 1.0       |
| swap                         |           |
| vcpus                        | 2         |
+------------------------------+-----------+
```

4. 访问安全组

访问安全组是 OpenStack 提供给云主机的一个访问策略控制组，通过安全组中的策略可以控制云主机的出入访问规则。

（1）查看访问安全组

使用"openstack security group list"命令可以查看当前所创建的访问安全组列表，命令代码如下：

```
[root@controller ~]# openstack  security group list
+--------------------------------------+---------+----------------------------
--+----------------------------------+
| ID                                   | Name    | Description              | Project    |
+--------------------------------------+---------+----------------------------
--+----------------------------------+
| 4af60d56-5475-4410-802f-5c2ec162ec2c | default | Default security group
| 563a1bd3cee84608913f046e5a39fffd |
+--------------------------------------+---------+----------------------------
--+----------------------------------+
```

"default"为 OpenStack 平台自带的安全组，通过命令可以查看安全组中的安全规则，命令代码如下：

```
[root@controller ~]# openstack  security group rule list default
+--------------------------------------+-------------+-----------+-------
-----+----------------------------------+
| ID                                   | IP Protocol | IP Range | Port Range | Remote
Security Group           |
+--------------------------------------+-------------+-----------+-------
-----+----------------------------------+
| 1653f0bd-98aa-44ad-9861-a9c412f75fb4 | None        | None      |            |
None                                  |
| 4c2db687-634f-48b2-8755-fa7997d39829 | None        | None      |            |
4af60d56-5475-4410-802f-5c2ec162ec2c |
```

```
   | c61d1f8e-2160-4f4e-95f0-65397af62f5f | None         | None    |       |
None                               |
   | e476f845-f9fd-4cd7-a18a-e476df32e702 | None         | None    |       |
4af60d56-5475-4410-802f-5c2ec162ec2c |
   +--------------------------------------+-------------+----------+-------
----+-------------------------------------+
```

在安全规则的列表中，不能看出每条规则的具体策略，可以使用"openstack security group rule show"命令查看规则的详细信息，命令代码如下：

```
[root@controller ~]# openstack  security group rule show 1653f0bd-98aa-44ad-
9861-a9c412f75fb4
+------------------+--------------------------------------+
| Field            | Value                                |
+------------------+--------------------------------------+
| created_at       | 2021-01-29T06:55:09Z                 |
| description      | None                                 |
| direction        | egress                               |
| ether_type       | IPv6                                 |
| id               | 1653f0bd-98aa-44ad-9861-a9c412f75fb4 |
| name             | None                                 |
| port_range_max   | None                                 |
| port_range_min   | None                                 |
| project_id       | 563a1bd3cee84608913f046e5a39fffd     |
| protocol         | None                                 |
| remote_group_id  | None                                 |
| remote_ip_prefix | None                                 |
| revision_number  | 0                                    |
| security_group_id| 4af60d56-5475-4410-802f-5c2ec162ec2c |
| updated_at       | 2021-01-29T06:55:09Z                 |
+------------------+--------------------------------------+
```

（2）创建访问安全组

创建一个新的安全组，命令格式如下：

```
[root@controller ~]# openstack help security group create
  usage: openstack security group create [-h] [-f {json,shell,table,value,
yaml}]
                                        [-c COLUMN] [--max-width <integer>]
                                        [--fit-width] [--print-empty]
                                        [--noindent] [--prefix PREFIX]
                                        [--description <description>]
                                        [--project <project>]
                                        [--project-domain <project-domain>]
                                        <name>
```

使用命令创建新的安全组规则，命令代码如下：

```
[root@controller ~]# openstack security group create test
+-----------------+-------------------------------------------------------------
---------------------------------------------------------------------------------
--------------------+
| Field           | Value                                                       |
+-----------------+-------------------------------------------------------------
---------------------------------------------------------------------------------
--------------------+
| created_at      | 2021-02-01T08:18:05Z                                        |
| description     | test                                                        |
| id              | 0d7f1f9f-3eed-4afc-8a54-10f459bb88ae                        |
| name            | test                                                        |
| project_id      | 563a1bd3cee84608913f046e5a39fffd                            |
| revision_number | 2                                                           |
| rules           | created_at='2021-02-01T08:18:05Z', direction='egress',
ethertype='IPv6',    id='0fe38c0d-6def-479a-a914-92592302826f',    updated_at=
'2021-02-01T08:18:05Z' |
|                 | created_at='2021-02-01T08:18:05Z', direction='egress',
ethertype='IPv4',    id='69f52e14-134e-49ce-9177-10b8e6bb7c30',    updated_at=
'2021-02-01T08:18:05Z' |
| updated_at      | 2021-02-01T08:18:05Z                                        |
+-----------------+-------------------------------------------------------------
---------------------------------------------------------------------------------
--------------------+
```

（3）删除访问安全组

可以使用命令删除不需要使用的访问安全组，命令代码如下：

```
[root@controller ~]# openstack security group delete test
[root@controller ~]# openstack security group list
+--------------------------------------+---------+----------------------
--+----------------------------------+
| ID                                   | Name    | Description           | Project |
+--------------------------------------+---------+----------------------
--+----------------------------------+
| 4af60d56-5475-4410-802f-5c2ec162ec2c | default | Default security group
| 563a1bd3cee84608913f046e5a39fffd |
+--------------------------------------+---------+----------------------
--+----------------------------------+
```

（4）添加安全规则

在默认安全组中使用"openstack help security group rule create"命令，添加三条需要使用的访问规则，命令格式如下：

```
[root@controller ~]# openstack help security group rule create
usage: openstack security group rule create [-h]
                                            [-f {json,shell,table,value,yaml}]
                                            [-c COLUMN]
                                            [--max-width <integer>]
                                            [--fit-width] [--print-empty]
                                            [--noindent] [--prefix PREFIX]
                                            [--remote-ip <ip-address> | --remote-
group <group>]

                                            [--description <description>]
                                            [--dst-port <port-range>]
                                            [--icmp-type <icmp-type>]
                                            [--icmp-code <icmp-code>]
                                            [--protocol <protocol>]
                                            [--ingress | --egress]
                                            [--ethertype <ethertype>]
                                            [--project <project>]
                                            [--project-domain <project-domain>]
                                            <group>
```

在 "defualt" 安全组中添加一条策略，从入口方向放行所有 ICMP 规则，命令代码如下：

```
[root@controller ~]# openstack security group rule create --protocol icmp
--ingress default
+------------------+---------------------------------------+
| Field            | Value                                 |
+------------------+---------------------------------------+
| created_at       | 2021-02-01T09:04:36Z                  |
| description      |                                       |
| direction        | ingress                               |
| ether_type       | IPv4                                  |
| id               | b2dedebb-6251-4b71-98a9-78f870fbd607  |
| name             | None                                  |
| port_range_max   | None                                  |
| port_range_min   | None                                  |
| project_id       | 563a1bd3cee84608913f046e5a39fffd      |
| protocol         | icmp                                  |
| remote_group_id  | None                                  |
| remote_ip_prefix | 0.0.0.0/0                             |
| revision_number  | 0                                     |
| security_group_id| 4af60d56-5475-4410-802f-5c2ec162ec2c  |
| updated_at       | 2021-02-01T09:04:36Z                  |
+------------------+---------------------------------------+
```

在 "defualt" 安全组中添加一条策略，从入口方向放行所有 TCP 规则，命令代码如下：

```
[root@controller ~]# openstack security group rule create --protocol tcp
--ingress  default
+------------------+---------------------------------------+
| Field            | Value                                 |
+------------------+---------------------------------------+
| created_at       | 2021-02-01T09:04:58Z                  |
| description      |                                       |
| direction        | ingress                               |
| ether_type       | IPv4                                  |
| id               | 32d44898-3938-4f7f-8e96-2003b36dbafe  |
| name             | None                                  |
| port_range_max   | None                                  |
| port_range_min   | None                                  |
| project_id       | 563a1bd3cee84608913f046e5a39fffd      |
| protocol         | tcp                                   |
| remote_group_id  | None                                  |
| remote_ip_prefix | 0.0.0.0/0                             |
| revision_number  | 0                                     |
| security_group_id| 4af60d56-5475-4410-802f-5c2ec162ec2c  |
| updated_at       | 2021-02-01T09:04:58Z                  |
+------------------+---------------------------------------+
```

在"defualt"安全组中添加一条策略，从入口方向放行所有 UDP 规则，命令代码如下：

```
[root@controller ~]# openstack security group rule create --protocol udp
--ingress  default
+------------------+---------------------------------------+
| Field            | Value                                 |
+------------------+---------------------------------------+
| created_at       | 2021-02-01T09:05:06Z                  |
| description      |                                       |
| direction        | ingress                               |
| ether_type       | IPv4                                  |
| id               | a8682fc0-b942-42aa-a9f0-38940f572f48  |
| name             | None                                  |
| port_range_max   | None                                  |
| port_range_min   | None                                  |
| project_id       | 563a1bd3cee84608913f046e5a39fffd      |
| protocol         | udp                                   |
| remote_group_id  | None                                  |
| remote_ip_prefix | 0.0.0.0/0                             |
| revision_number  | 0                                     |
| security_group_id| 4af60d56-5475-4410-802f-5c2ec162ec2c  |
| updated_at       | 2021-02-01T09:05:06Z                  |
+------------------+---------------------------------------+
```

查看"default"安全组中所有的规则列表信息，命令代码如下：

```
[root@controller ~]# openstack security group rule list default
+------------------------------------+-------------+-----------+------
------+------------------------------------+
| ID                                 | IP Protocol | IP Range  | Port Range |
Remote Security Group               |
+------------------------------------+-------------+-----------+------
------+------------------------------------+
| 1653f0bd-98aa-44ad-9861-a9c412f75fb4 | None      | None      |            |
None                                |
| 32d44898-3938-4f7f-8e96-2003b36dbafe | tcp       | 0.0.0.0/0 |            |
None                                |
| 4c2db687-634f-48b2-8755-fa7997d39829 | None      | None      |            |
4af60d56-5475-4410-802f-5c2ec162ec2c |
| a8682fc0-b942-42aa-a9f0-38940f572f48 | udp       | 0.0.0.0/0 |            |
None                                |
| b2dedebb-6251-4b71-98a9-78f870fbd607 | icmp      | 0.0.0.0/0 |            |
None                                |
| c61d1f8e-2160-4f4e-95f0-65397af62f5f | None      | None      |            |
None                                |
| e476f845-f9fd-4cd7-a18a-e476df32e702 | None      | None      |            |
4af60d56-5475-4410-802f-5c2ec162ec2c |
+------------------------------------+-------------+-----------+------
------+------------------------------------+
```

5. 启动虚拟机

（1）查询可用镜像

使用"openstack image list"命令查看当前可用镜像列表，命令代码如下：

```
[root@controller ~]# openstack image list
+------------------------------------+----------+--------+
| ID                                 | Name     | Status |
+------------------------------------+----------+--------+
| 0bc5fd25-7eb0-481b-92a0-0b9b538af226 | centos7.5 | active |
+------------------------------------+----------+--------+
```

使用"openstack flavor list"命令查看可用的类型，命令代码如下：

```
[root@controller ~]# openstack flavor list
+------------------------------------+--------+------+------+---------
--+-------+-----------+
| ID                                 | Name   | RAM  | Disk | Ephemeral | VCPUs
| Is Public |
+------------------------------------+--------+------+------+---------
--+-------+-----------+
```

```
| 1                                      | centos | 2048 | 20 |        0 |    2 |
| True      |
   +----------------------------------------+--------+------+------+--------
--+-------+----------+
```

（2）查看网络信息

使用"openstack network list"命令查看可用网络的列表信息，命令代码如下：

```
[root@controller ~]# openstack network list
   +--------------------------------------+--------------+-----------------
--------------------+
   | ID                                   | Name         | Subnets         |
   +--------------------------------------+--------------+-----------------
--------------------+
   |      9a0f6bf1-ebfe-42f6-901a-175d58d57689       |    network-flat   |
8ddce96f-a6ca-4ea3-80aa-7ca1461b2e40 |
   | ba7ae06b-c959-4b6e-886a-8aeacb1df65f | network-vlan |                 |
   +--------------------------------------+--------------+-----------------
--------------------+
```

使用"openstack subnet list"命令查看可用的子网列表信息，命令代码如下：

```
[root@controller ~]# openstack subnet list
   +--------------------------------------+-------------+-----------------
--------------------+------------------+
   | ID                                                 | Name      | Network
| Subnet        |
   +--------------------------------------+-------------+-----------------
--------------------+------------------+
   | 8ddce96f-a6ca-4ea3-80aa-7ca1461b2e40 | subnet-flat | 9a0f6bf1-ebfe-42f6-
901a-175d58d57689 | 192.168.200.0/24 |
   +--------------------------------------+-------------+-----------------
--------------------+------------------+
```

（3）修改 OpenStack 平台

因为当前环境为本地 PC 环境下由 VMware Workstation 软件启动的虚拟机，所以在此 OpenStack 平台启动云主机，需要对 OpenStack 平台配置文件进行修改，修改 Nova 服务配置文件，设置其参数为"virt_type=qemu"，命令参数如下：

```
[root@compute ~]# crudini --set /etc/nova/nova.conf libvirt virt_type  qemu
[root@compute ~]# systemctl restart openstack-nova-compute
```

（4）启动云主机

使用"openstack help server create"命令创建云主机，其命令格式如下：

```
[root@controller ~]# openstack help server create
usage: openstack server create [-h] [-f {json,shell,table,value,yaml}]
```

```
                    [-c COLUMN] [--max-width <integer>]
                    [--fit-width] [--print-empty] [--noindent]
                    [--prefix PREFIX]
                    (--image <image> | --volume <volume>) --flavor
                    <flavor> [--security-group <security-group>]
                    [--key-name <key-name>]
                    [--property <key=value>]
                    [--file <dest-filename=source-filename>]
                    [--user-data <user-data>]
                    [--availability-zone <zone-name>]
                    [--block-device-mapping <dev-name=mapping>]
                    [--nic <net-id=net-uuid,v4-fixed-ip=ip-addr,v6-
fixed-ip=ip-addr,port-id=port-uuid,auto,none>]
                    [--network <network>] [--port <port>]
                    [--hint <key=value>]
                    [--config-drive <config-drive-volume>|True]
                    [--min <count>] [--max <count>] [--wait]
                    <server-name>
```

通过命令创建云主机，使用 centos7.5 自定义镜像，flavor 为 2 核 vCPU、2GB 内存、20GB 硬盘，使用 Network-Flat 网络。云主机名为"centos_server"，命令代码如下：

```
[root@controller ~]# openstack server create --image centos7.5 --flavor 1
--network network-flat centos_server
    +------------------------------------+-------------------------------
----------------+
    | Field                              | Value                         
                |
    +------------------------------------+-------------------------------
----------------+
    | OS-DCF:diskConfig                  | MANUAL                        
                |
    | OS-EXT-AZ:availability_zone        |                               
                |
    | OS-EXT-SRV-ATTR:host               | None                          
                |
    | OS-EXT-SRV-ATTR:hypervisor_hostname | None                         
                |
    | OS-EXT-SRV-ATTR:instance_name      |                               
                |
    | OS-EXT-STS:power_state             | NOSTATE                       
                |
    | OS-EXT-STS:task_state              | scheduling                    
                |
    | OS-EXT-STS:vm_state                | building                      
                |
    | OS-SRV-USG:launched_at             | None                          
                |
    | OS-SRV-USG:terminated_at           | None                          
                |
    | accessIPv4                         |                               
                |
    | accessIPv6                         |                               
                |
    | addresses                          |                               
                |
    | adminPass                          | koZV3P9dtd8j                  
                |
    | config_drive                       |                               
                |
    | created                            | 2021-02-02T01:44:08Z          
                |
```

```
| flavor                                  | centos                          |
| hostId                                  |                                 |
| id                                      | b5eeec7d-44d7-4353-b01f-36dae96
d22e0                                                                          |
| image                                   | centos7.5(0bc5fd25-7eb0-481b-
92a0-0b9b538af226)                                                              |
| key_name                                | None                            |
| name                                    | centos_server                   |
| progress                                | 0                               |
| project_id                              | 563a1bd3cee84608913f046e5a39
fffd                                                                           |
| properties                              |                                 |
| security_groups                         | name='default'                  |
| status                                  | BUILD                           |
| updated                                 | 2021-02-02T01:44:08Z            |
| user_id                                 | e8b526ab962b49cd918e51c58220c
06b                                                                            |
| volumes_attached                        |                                 |
+-----------------------------------------+---------------------------------
-----------------+
```

6. 管理虚拟机

（1）查看虚拟机

使用"openstack server list"命令查看虚拟机列表信息，命令代码如下：

```
[root@controller ~]# openstack server list
+--------------------------------------+--------+--------+-----------------
--------------+-----------+--------+
| ID                                   | Name   | Status | Networks
| Image    | Flavor |
+--------------------------------------+--------+--------+-----------------
--------------+-----------+--------+
| 7dba875d-b712-4be8-9fbc-5c1b3e631b54 | centos_server| ACTIVE |
network-flat=192.168.200.103 | centos7.5 | centos |
+--------------------------------------+--------+--------+-----------------
--------------+-----------+--------+
```

使用"openstack server show test"命令可以查看虚拟机的具体信息，包括使用的安全组、flavor 类型以及网络信息，命令代码如下：

```
[root@controller ~]# openstack server show test
+-----------------------------------------+---------------------------------
-----------------------+
| Field                                   | Value
|
```

```
+------------------------------------+------------------------------------
------------------------+
| OS-DCF:diskConfig                  | AUTO                               |
| OS-EXT-AZ:availability_zone        | nova                               |
| OS-EXT-SRV-ATTR:host               | compute                            |
| OS-EXT-SRV-ATTR:hypervisor_hostname | compute                           |
| OS-EXT-SRV-ATTR:instance_name      | instance-00000004                  |
| OS-EXT-STS:power_state             | Running                            |
| OS-EXT-STS:task_state              | None                               |
| OS-EXT-STS:vm_state                | active                             |
| OS-SRV-USG:launched_at             | 2021-02-02T01:12:25.000000         |
| OS-SRV-USG:terminated_at           | None                               |
| accessIPv4                         |                                    |
| accessIPv6                         |                                    |
| addresses                          | network-flat=192.168.200.103       |
| config_drive                       |                                    |
| created                            | 2021-02-02T00:55:40Z               |
| flavor                             | test(5f7bb650-b06b-4bbf-82ee-16dd
97823c2b)                                                              |
| hostId                             | 56630b503eb85d225f55de8c07541a1733
c8b642217afff90a598b0b                                                    |
| id                                 | 7dba875d-b712-4be8-9fbc-5c1b3e631b54
                                                                          |
| image                              | centos7.5(0bc5fd25-7eb0-481b-92a0-
0b9b538af226)                                                            |
| key_name                           | None                               |
| name                               | centos_server                      |
| progress                           |                                    |
| project_id                         | 563a1bd3cee84608913f046e5a39fffd   |
| properties                         |                                    |
| security_groups                    | name='default'                     |
| status                             | ACTIVE                             |
| updated                            | 2021-02-02T01:12:25Z               |
| user_id                            | e8b526ab962b49cd918e51c58220c06b   |
| volumes_attached                   |                                    |
+------------------------------------+------------------------------------
------------------------+
```

（2）操作虚拟机

可以通过命令操作虚拟机，对虚拟机进行关闭、开机、重启等操作。关闭虚拟机操作，命令代码如下：

```
[root@controller ~]# openstack server stop centos_server
[root@controller ~]# openstack server list
```

```
    +--------------------------------------+------+---------+----------------
--------------+----------+--------+
    | ID                                   | Name | Status  | Networks
| Image    | Flavor |
    +--------------------------------------+------+---------+----------------
--------------+----------+--------+
    | 7dba875d-b712-4be8-9fbc-5c1b3e631b54 | centos_server | SHUTOFF |
network-flat=192.168.200.103 | centos7.5 | centos  |
    +--------------------------------------+------+---------+----------------
--------------+----------+--------+
```

可以通过命令操作虚拟机，对虚拟机进行开机操作，命令代码如下：

```
[root@controller ~]# openstack server start centos_server
[root@controller ~]# openstack server list
    +--------------------------------------+------+---------+----------------
--------------+----------+--------+
    | ID                                   | Name | Status  | Networks
| Image    | Flavor |
    +--------------------------------------+------+---------+----------------
--------------+----------+--------+
    | 7dba875d-b712-4be8-9fbc-5c1b3e631b54 | centos_server | ACTIVE |
network-flat=192.168.200.103 | centos7.5 | centos |
    +--------------------------------------+------+---------+----------------
--------------+----------+--------+
```

可以通过命令操作虚拟机，对虚拟机进行重启操作，命令代码如下：

```
[root@controller ~]# openstack server reboot centos_server
[root@controller ~]# openstack server list
    +--------------------------------------+------+---------+----------------
--------------+----------+--------+
    | ID                                   | Name | Status  | Networks
| Image    | Flavor |
    +--------------------------------------+------+---------+----------------
--------------+----------+--------+
    | 7dba875d-b712-4be8-9fbc-5c1b3e631b54 | centos_server | REBOOT |
network-flat=192.168.200.103 | centos7.5 | centos_server |
    +--------------------------------------+------+---------+----------------
--------------+----------+--------+
```

（3）测试连通

在启动云主机后，可以获取云主机的 IP 地址，可以使用此 IP 地址登录云主机，使用
PC 本地环境对云主机进行 ping 测试，命令代码如下：

```
λ ping 192.168.200.103
```

正在 ping 192.168.200.103 具有 32 字节的数据：

```
来自 192.168.200.103 的回复: 字节=32 时间=4ms TTL=64
来自 192.168.200.103 的回复: 字节=32 时间=1ms TTL=64
来自 192.168.200.103 的回复: 字节=32 时间=1ms TTL=64
来自 192.168.200.103 的回复: 字节=32 时间=1ms TTL=64
```

使用 SSH 协议可以登录云主机，使用 SSH 命令对云主机进行登录操作，云主机的用户名和密码在自定义镜像安装系统时设置，命令代码如下：

```
λ ssh 192.168.200.103
The authenticity of host '192.168.200.103(192.168.200.103)' can't be established.
ECDSA key fingerprint is SHA256:IIJHM1uUxBBNDxphgZnU2DJQ//YuI8wPHtE7DKu/5GE.
Are you sure you want to continue connecting(yes/no)? yes
Warning: Permanently added '192.168.200.103'(ECDSA) to the list of known hosts.
root@192.168.200.103's password:
Last login: Mon Feb 1 20:16:13 2021
[root@centos_server ~]# ip a
1: lo: <LOOPBACK,UP,LOWER_UP> mtu 65536 qdisc noqueue state UNKNOWN group default qlen 1000
    link/loopback 00:00:00:00:00:00 brd 00:00:00:00:00:00
    inet 127.0.0.1/8 scope host lo
      valid_lft forever preferred_lft forever
    inet6 ::1/128 scope host
      valid_lft forever preferred_lft forever
2: eth0: <BROADCAST,MULTICAST,UP,LOWER_UP> mtu 1500 qdisc pfifo_fast state UP group default qlen 1000
    link/ether fa:16:3e:fc:64:00 brd ff:ff:ff:ff:ff:ff
    inet 192.168.200.103/24 brd 192.168.200.255 scope global noprefixroute dynamic eth0
      valid_lft 85947sec preferred_lft 85947sec
    inet6 fe80::f816:3eff:fefc:6400/64 scope link
      valid_lft forever preferred_lft forever
```

7. 云主机调整类型大小

（1）修改配置文件

修改 controller 节点和 compute 节点中的 nova.conf 配置文件，添加调整类型大小的参数。controller 节点设置参数如下：

```
[root@controller ~]# crudini --set /etc/nova/nova.conf DEFAULT allow_resize_to_same_host True
[root@controller ~]# crudini --set /etc/nova/nova.conf DEFAULT scheduler_
```

```
default_filters  RetryFilter,AvailabilityZoneFilter,RamFilter,ComputeFilter,
ComputeCapabilitiesFilter,ImagePropertiesFilter,ServerGroupAntiAffinityFilter,
ServerGroupAffinityFilter
```

修改完配置文件后重启相关服务，命令代码如下：

```
[root@controller ~]#systemctl restart openstack-nova*
```

compute 节点设置参数如下：

```
[root@compute ~]# crudini --set /etc/nova/nova.conf DEFAULT allow_resize_
to_same_host True
[root@compute ~]# crudini --set /etc/nova/nova.conf DEFAULT scheduler_
default_filters  RetryFilter,AvailabilityZoneFilter,RamFilter,ComputeFilter,
ComputeCapabilitiesFilter,ImagePropertiesFilter,ServerGroupAntiAffinityFilte
r,ServerGroupAffinityFilter
```

修改完配置文件后重启相关服务，命令代码如下：

```
[root@compute ~]#systemctl restart openstack-nova-compute
```

（2）创建云主机类型

现有云主机硬盘和内存不满足使用要求，需要对现有云主机进行资源扩容，将内存扩容至 2GB，硬盘扩容至 15GB，类型名称为"centos1"。首先创建一个新的云主机类型满足扩容资源的需求。通过命令创建新云主机类型，命令代码如下：

```
[root@controller ~]# openstack flavor create --disk 15 --ram 2048 --vcpus
2 centos1
+----------------------------+--------------------------------------+
| Field                      | Value                                |
+----------------------------+--------------------------------------+
| OS-FLV-DISABLED:disabled   | False                                |
| OS-FLV-EXT-DATA:ephemeral  | 0                                    |
| disk                       | 15                                   |
| id                         | 17ae1235-b841-4473-83a0-82e0b34287a1 |
| name                       | centos1                              |
| os-flavor-access:is_public | True                                 |
| properties                 |                                      |
| ram                        | 2048                                 |
| rxtx_factor                | 1.0                                  |
| swap                       |                                      |
| vcpus                      | 2                                    |
+----------------------------+--------------------------------------+
```

查看当前云主机类型列表，命令代码如下：

```
[root@controller ~]# openstack flavor list
+-----------------------------------+---------+------+------+--------
```

```
---+-------+-----------+
  | ID                                  | Name    | RAM  | Disk | Ephemeral | VCPUs
| Is Public |
  +------------------------------------+---------+------+------+--------
---+-------+-----------+
  | 17ae1235-b841-4473-83a0-82e0b34287a1 | centos1 | 2048 |  15 |         0 |
2 | True      |
  | 2ed827ff-63b1-49ab-8d18-8744702708cc | centos  | 1024 |  10 |         0 |
2 | True      |
  +------------------------------------+---------+------+------+--------
---+-------+-----------+
```

（3）调整云主机类型

使用命令查看云主机列表，命令代码如下：

```
[root@controller ~]# openstack server list
  +------------------------------------+---------------+--------+-------
----------------------+-----------+--------+
  | ID                                  | Name          | Status | Networks
| Image     | Flavor |
  +------------------------------------+---------------+--------+-------
----------------------+-----------+--------+
  | 5c16e00a-4903-4f84-a640-4d7b51797ecf | centos_server | ACTIVE | network-
flat=192.168.200.117 | centos7.5 | centos |
  +------------------------------------+---------------+--------+-------
----------------------+-----------+--------+
```

使用"openstack help server resize"命令调整云主机类型，命令格式如下：

```
[root@controller ~]# openstack help server resize
usage: openstack server resize [-h] [--flavor <flavor> | --confirm | --revert]
                      [--wait]
                      <server>

  <server>              Server(name or ID)

optional arguments:
  -h, --help            show this help message and exit
  --flavor <flavor>     Resize server to specified flavor
  --confirm             Confirm server resize is complete
  --revert              Restore server state before resize
  --wait                Wait for resize to complete
```

使用命令调整云主机"centos_server"类型为 centos1，命令中要使用"--wait"参数。在执行命令后，调整云主机需要一定时间，添加"--wait"参数后会在确认时回馈"complete"，命令代码如下：

```
[root@controller ~]# openstack server resize --flavor centos1 --wait
centos_server
   Complete
[root@controller ~]# openstack server list
   +--------------------------------------+---------------+----------------+
---------------------------+----------+---------+
   | ID                                   | Name          | Status         |
| Image     | Flavor  |
   +--------------------------------------+---------------+----------------+
---------------------------+----------+---------+
   | 5c16e00a-4903-4f84-a640-4d7b51797ecf | centos_server | VERIFY_RESIZE |
network-flat=192.168.200.117 | centos7.5 | centos1 |
   +--------------------------------------+---------------+----------------+
---------------------------+----------+---------+
```

在命令执行完毕后，返回"complete"值时，执行确认修改云主机类型的命令参数"--confirm"，这时云主机才会成功修改类型，执行确认命令后，通过命令查看云主机列表信息，命令代码如下：

```
[root@controller ~]# openstack server resize --confirm centos_server
[root@controller ~]# openstack server list
   +--------------------------------------+---------------+--------+-------
----------------------+----------+---------+
   | ID                                   | Name          | Status | Networks
| Image     | Flavor  |
   +--------------------------------------+---------------+--------+-------
----------------------+----------+---------+
   | 5c16e00a-4903-4f84-a640-4d7b51797ecf | centos_server | ACTIVE |
network-flat=192.168.200.117 | centos7.5 | centos1 |
   +--------------------------------------+---------------+--------+-------
----------------------+----------+---------+
```

（4）放弃调整云主机类型

放弃调整云主机类型操作是在调整后进行的，因此首先使用命令调整云主机"centos_server"类型为centos1，命令中要使用"--wait"参数。在命令执行后，调整云主机需要一定时间，添加"--wait"参数后会在确认时回馈"complete"，命令代码如下：

```
[root@controller ~]# openstack server resize --flavor centos1 --wait
centos_server
   Complete
[root@controller ~]# openstack server list
   +--------------------------------------+---------------+----------------+
---------------------------+----------+---------+
   | ID                                   | Name          | Status         | Networks
| Image     | Flavor  |
```

如果需要回退类型或者放弃修改类型，那么可在此时执行放弃命令参数--crevert，这时云主机即可回退到原云主机类型。执行放弃命令后，通过命令查看云主机列表信息，命令代码如下：

```
[root@controller ~]# openstack server resize --crevert centos_server
[root@controller ~]# openstack server list
+--------------------------------------+---------------+--------+-------------------------------+-----------+---------+
| ID                                   | Name          | Status | Networks                      | Image     | Flavor  |
+--------------------------------------+---------------+--------+-------------------------------+-----------+---------+
| 5c16e00a-4903-4f84-a640-4d7b51797ecf | centos_server | ACTIVE | network-flat=192.168.200.117  | centos7.5 | centos  |
+--------------------------------------+---------------+--------+-------------------------------+-----------+---------+
```

## 归纳总结

通过本单元的学习，读者应该对 Neutron 网络服务有了一定的认识，也熟悉了 Neutron 几种网络模式的工作方式、每种网络对应不同的应用场景。通过实操练习，要求掌握 Neutron 服务的基本操作命令以及 OpenStack 网络的创建和使用。

## 课后练习

### 一、判断题

1. Nova 服务的能力是对服务器进行虚拟化。（　　　）
2. 可以通过 Nova 命令创建需要的实例类型。（　　　）

### 二、单项选择题

1. OpenStack 中 Nova 的基本功能是什么？（　　　）

A. 镜像服务实现发现、注册、获取虚拟机镜像和镜像元数据，镜像数据支持存储多种的存储系统，可以是简单文件系统、对象存储系统等

B. 负责管理和维护云计算环境的计算资源，负责整个云环境虚拟机生命周期的管理

C. 主要用于存储虚拟机镜像，用于 Glance 的后端存储

D. 是一个基于模板来编排复合云应用的服务

2. 下列选项当中，哪个是 Nova 创建安全组命令？（　　）

A. nova flavor-create　　　　B. nova swap-create

C. nova save-create　　　　D. nova secgroup-create

### 三、多项选择题

1. 下面属于 Nova 组件中的服务的是哪几项？（　　）

A. Nova-API　　　　　　B. Nova-Scheduler

C. Nova-Novncproxy　　　　D. Nova-Controller

2. 以下关于 Nova 的描述中正确的包括哪几项？（　　）

A. Nova 是 OpenStack 中事实上最核心的项目

B. Nova 负责虚拟机生命周期管理

C. Nova 管理下的资源主要是虚拟机、容器，通过 lronic 管理物理机

D. Nova 负责全面的系统状态监控

## 技能训练

1. 在 OpenStack 平台控制节点，使用 Nova 命令，创建一个名为 test 的安全组，描述为 "test the nova command about the rules"。

2. 在 OpenStack 平台控制节点，使用 Nova 命令，创建一个名为 "test"，ID 为 6，内存大小为 2048MB，磁盘大小为 20GB，vCPU 数量为 2 的云主机类型，然后查看 test 云主机类型的详细信息。

# 单元 6　OpenStack 中的存储服务运维

## 学习目标

通过本单元的学习，要求读者能了解 OpenStack 的存储类型、Cinder 的架构和 Swift 的数据结构原理。培养读者使用 Cinder 块存储和 Swift 对象存储，使读者掌握 Cinder 和 Swift 基本命令，旨在培养读者对存储组件动手实践和独立思考的能力。

## 6.1　云平台中的存储服务

### 6.1.1　云平台存储服务之 Cinder

Cinder 服务运维与排错
（Cinder 存储服务）

#### 1. Cinder 概述

OpenStack 早期版本是使用 Nova-Volume 为云平台提供持久性块存储服务的。从 Folsom 版本后，它就把作为 Nova 组成部分的 Nova-Volume 分离了出来，形成了独立的 Cinder 组件。Cinder 本身并不直接提供块存储设备实际的管理和服务，而是在虚拟机和具体的存储设备之间引入一个抽象的"逻辑存储卷"。Cinder 与 Neutron 类似，也通过 Plugins-Agent 的方式添加了不同厂家的 Drive 来整合多种厂家的后端存储设备，并通过统一的 API 接口的方式为云平台提供持久性的块设备存储服务，类似于 Amazon 的 EBS（Elastic Block Storage）。Cinder 服务的实现在 OpenStack 众多服务中，只依赖 Keystone 服务提供认证。可能有些人觉得，Cinder 提供 Volume 作为云主机的云磁盘，因此 Cinder 与 Nova 也有依赖关系。其实，这是一种错误的观点，Cinder-Volume 创建的"逻辑存储卷"不仅可以用于云主机的云磁盘，也可以用于其他场景，其创建卷的过程与 Nova 创建的云主机的状态并没有直接关联。或者换个角度来看，Nova 创建的云主机也可以不用挂载 Cinder 创建的 Volume 而正常运行。

#### 2. Cinder 架构

在 OpenStack 中，块存储服务 Cinder 为 Nova 项目所实现的虚拟机实例提供了数据持久性的存储服务。此外，块存储还提供了 Volumes 管理的基础架构，同时还负责 Volumes 的快照和类型管理。从功能层面来看，Cinder 以插件架构的形式为各种存储后端提供了统一 API 访问接口的抽象层实现，使得存储客户端可以通过统一的 API 访问不同的存储资源，而不用担心底层各式各样的存储驱动。Cinder 提供的块存储服务通常以存储卷的形式挂载到虚拟机后才能使用,目前一个 Volume 同时只能挂载到一个虚拟机,但是不同的时刻可以挂载到不同的虚拟机,因此 Cinder 块存储与 AWS 的 EBS 不同,不能像 EBS 一样提供共享存储解决方案。除了将 Volume 挂载到虚拟机作为块存储使用外,用户还可以将系统镜像写入块存储服务器并从加载有镜像的 Volume 启动系统(SAN BOOT)。

Cinder 的逻辑架构如图 6-1 所示,除了 Cinder-Client 外,其余均是 Cinder 服务的核心组件,共有 4 个:Cinder-API、Cinder-Scheduler、Cinder-Volume 和 Cinder-Backup。而 Cinder-Client 其实就是封装了 Cinder 提供的 REST 接口的 CLI 工具。

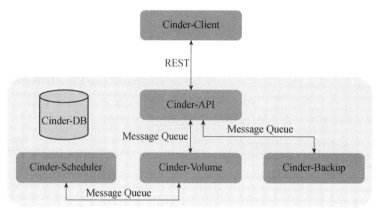

图 6-1 Cinder 的逻辑架构图

(1) Cinder-API

对外提供 REST API,对操作需求进行解析,对 API 进行路由并寻找相应的处理方法,包含卷的 CRUD、快照的 CRUD、备份、Volume Type 的管理、卷的挂载/卸载等操作。Cinder-API 本质上其实是一个 WSGI App,启动 Cinder-API 服务相当于启动一个名为 Osapi_Volume 的 WSGI 服务去监听 Client 的 HTTP 请求。OpenStack 定义了两种类型的 Cinder 资源,包括核心资源(Core Resoure)和扩展资源(Extension Resoure)。而核心资源及其 API 路由器分为 V1 及 V2 两个版本,分别放在 V1 和 V2 两个目录下,其中 API 路由器(目录中的 router.py)负责把 HTTP 请求分发到其管理的核心资源中去;V1 的核心资源则涉及卷 (Volume)、卷类型(Volume Type)、快照(Snapshot)的操作管理,比如创建和删除一个卷,或为某个卷做一个快照等;V2 的核心资源则增加了 QoS、Limit 及备份的操作管理 (H 版本以后)。

(2) Cinder-Scheduler

负责收集后端存储 Backends 上报的容量、能力信息,根据指定的算法完成卷到 Cinder-Volume 的映射。在 Folsom 版本中,Cinder-Scheduler 服务只实现了简单调度(Simple Scheduler)算法和随机调度(Chancer Scheduler)算法。简单调度算法就是获取活动的卷服务节点,按剩余容量从小到大排列,选择剩余容量最多的 Host 节点;随机调度算法就是在满足条件的节点中随机挑选出一个 Host 节点。在 G 版本后有了类似 Nova-Scheduler 的基于过滤和权重的新调度策略 FilterScheduler。

(3) Cinder-Volume

多节点部署,使用不同的配置文件,接入不同的 Backend 设备,由各存储厂商插入 Driver

代码与设备交互完成设备容量和能力信息收集、卷操作。每个存储节点都会运行一个 Cinder-Volume 服务，若干个这样的存储节点联合起来可以构成一个存储资源池。

（4）Cinder-Backup

实现卷的数据备份到其他介质。目前支持的有以 Ceph、Swift 和 IBM TSM（Tivoli Storage Manager）为后端存储的备份存储系统，其中默认的是采用 Swift 备份的存储系统。与 Cinder-Volume 类似，Cinder-Backup 也通过 Driver 插件架构的形式与不同的存储备份后端交互。

（5）Cinder-DB

提供存储卷、快照、备份、Service 等数据，支持 MySQL、PG、MSSQL 等 SQL 数据库。

## 6.1.2　OpenStack 的存储类型

在 OpenStack 系统中，共有 4 种存储类型，它们分别是：临时存储、块存储、对象存储和共享文件系统存储。在 OpenStack 系统中，各种存储类型在访问方式、访问客户端、管理服务、数据生命周期、存储设备容量和典型应用案例方面的对比如表 6-1 所示。

表 6-1　各种存储类型对比

| 存储类型 | 用途 | 访问方式 | 访问客户端 | 管理服务 | 数据生命周期 | 存储设备容量 | 典型使用案例 |
|---|---|---|---|---|---|---|---|
| 临时存储 | 运行操作系统和提供启动空间 | 通过文件系统访问 | 虚拟机 | Nova | 虚拟机终止 | 管理员配置的 Flavor 指定容量 | 虚拟机中第一块磁盘 10GB，第二块磁盘 20GB |
| 块存储 | 为虚拟机添加额外的持久化存储 | 块设备被分区、格式化后挂载访问（例如 /dev/vdc） | 虚拟机 | Cinder | 被用户删除 | 用户创建时指定 | 1TB 磁盘 |
| 对象存储 | 存储海量数据，包括虚拟机映像 | REST API | 任何客户端 | Swift | 被用户删除 | 可用物理存储空间和数据副本数量 | 10TB 级数据集存储 |
| 共享文件系统存储 | 为虚拟机添加额外的持久化存储 | 共享文件系统存储被分区、格式化后挂载访问（例如/dev/vdc） | 虚拟机 | Manila | 被用户删除 | ● 用户创建时指定<br>● 扩容时指定<br>● 用户配额指定<br>● 管理员指定容量 | NFS |

## 6.1.3　云平台存储服务之 Swift

### 1. Swift 概述

Swift 最初是由 Rackspace 公司开发的高可用分布式对象存储服务，并于 2010 年贡献给 OpenStack 开源社区作为其最初的核心子项目之一，为其 Nova 子项目提供虚拟机镜像存储服务。Swift 构筑在比较便

Swift 服务运维与排错（Swift 存储）

宜的标准硬件存储基础设施之上，无须采用 RAID（磁盘冗余阵列），通过在软件层面引入一致性散列技术和数据冗余性，牺牲一定程度的数据一致性来达到高可用性和可伸缩性，支持多租户模式、容器和对象读写操作，适合解决互联网的应用场景下非结构化数据存储问题。Swift 在 OpenStack 系统中不依赖于任何服务，可以独立部署为其他系统提供分布式对象存储服务。而在 OpenStack 的应用中，其 Proxy Server 往往由 Keystone 节点兼任，由 Keystone 来完成服务访问的安全认证。

Swift 是业务提供时，使用普通的服务器来构建冗余的、可扩展的分布式对象存储集群，存储容量可达 PB 级。通过统一 REST API 进行友好访问，不仅易于扩展，且无中心数据库，避免单点故障或单点性能瓶颈。Swift 主要通过 Account、Container 和 Object 三个表单结构来实现对象的存储、查询、获取和上传等功能，通过数据存储的多副本机制实现数据的高可用。

### 2. Swift 的架构和组件

Swift 的架构是一种完全对称的、面向资源的分布式系统架构，所有组件都可扩展，避免因单点失效而影响整个系统运转。通信方式采用非阻塞式 I/O 模式，提高了系统吞吐和响应能力。系统架构整体上采用分层的理念进行设计，共分为两层：访问层和存储层。Controller 的 Ring 以上部分属于访问层，接收外部 REST API 的访问，实现负载均衡和访问安全验证，并定位对象数据的存储位置。后端的 Server 部分属于存储层，用来分别存储不同的对象数据：Account、Container 和 Object。

### 3. Swift 中的数据结构原理

Swift 中最重要的算法就是一致性哈希（Consistent Hashing）算法，它是 Swift 实现海量数据存储，并能实现数据均衡度和可扩展性兼容的保证，可以不过分地认为一致性哈希算法是所有分布式存储的灵魂，不仅 Swift 中有它的影子，在开源分布式存储 Ceph 以及华为分布式存储 FusionStorage 中同样有它的影子。在面对海量级别的对象，需要存放在成千上万台服务器和硬盘设备上，首先要解决寻址问题，即如何将对象均匀地分布到这些设备地址上。这也是 Swift 中的一致性哈希算法首先要解决的问题，算法的基本思路是：通过计算可将对象均匀分布到虚拟空间的虚拟节点上，在增加或删除节点时可大大减少需移动的数据量；虚拟空间大小通常采用 2 的 $n$ 次幂，便于进行高效的移位操作；然后通过独特的数据结构 Ring（环）再将虚拟节点映射到实际的物理存储设备上，完成寻址过程。

## 6.2 Cinder 块存储服务的使用和运维

Cinder 服务
运维与排错

### 1. 规划节点

OpenStack 环境节点规划见表 6-2。

表 6-2　OpenStack 环境节点规划

| IP 地址 | 主机名 | 节点 |
| --- | --- | --- |
| 192.168.100.10 | controller | controller |
| 192.168.100.20 | compute | compute |

### 2. 基础准备

使用本地 PC 环境下由 VMware Workstation 软件启动的双台虚拟机来构建 OpenStack 平台环境，此案例在 OpenStack 环境中进行。

### 3. 块存储服务

（1）查看服务状态

使用 "openstack volume service list" 命令查询块存储服务状态，命令代码如下：

```
[root@controller ~]# openstack volume service list
+------------------+-------------+------+---------+-------+-------------
---------------+
| Binary           | Host        | Zone | Status  | State | Updated At    |
+------------------+-------------+------+---------+-------+-------------
---------------+
| cinder-scheduler | controller  | nova | enabled | up    | 2021-02-
03T02:30:05.000000 |
| cinder-volume    | compute@lvm | nova | enabled | up    | 2021-02-
03T02:29:59.000000 |
+------------------+-------------+------+---------+-------+-------------
---------------+
```

（2）创建块存储

通过使用"openstack help volume create"命令创建块存储，命令格式如下：

```
[root@controller ~]# openstack help volume create
usage: openstack volume create [-h] [-f {json,shell,table,value,yaml}]
                               [-c COLUMN] [--max-width <integer>]
                               [--fit-width] [--print-empty] [--noindent]
                               [--prefix PREFIX] [--size <size>]
                               [--type <volume-type>]
                               [--image <image> | --snapshot <snapshot> |
--source <volume> | --source-replicated <replicated-volume>]
                               [--description <description>] [--user <user>]
                               [--project <project>]
                               [--availability-zone <availability-zone>]
                               [--consistency-group consistency-group>]
                               [--property <key=value>] [--hint <key=value>]
                               [--multi-attach] [--bootable | --non-bootable]
                               [--read-only | --read-write]
                               <name>
```

通过命令创建块存储，大小为 2GB，名称为"volume"，命令代码如下：

```
[root@controller ~]# openstack volume create --size 2 volume
+--------------------+--------------------------------------+
| Field              | Value                                |
+--------------------+--------------------------------------+
| attachments        | []                                   |
| availability_zone  | nova                                 |
| bootable           | false                                |
| consistencygroup_id | None                                |
| created_at         | 2021-02-02T09:03:27.000000           |
| description        | None                                 |
| encrypted          | False                                |
```

```
| id                  | f5610dc2-42ca-4632-86a1-9014e8d2eb90 |
| migration_status    | None                                 |
| multiattach         | False                                |
| name                | volume                               |
| properties          |                                      |
| replication_status  | None                                 |
| size                | 2                                    |
| snapshot_id         | None                                 |
| source_volid        | None                                 |
| status              | creating                             |
| type                | None                                 |
| updated_at          | None                                 |
| user_id             | e8b526ab962b49cd918e51c58220c06b     |
+---------------------+--------------------------------------+
```

（3）查看块存储

使用"openstack volume list"命令查看块存储列表信息，命令代码如下：

```
[root@controller ~]# openstack volume list
+--------------------------------------+--------+-----------+------+-------------+
| ID                                   | Name   | Status    | Size | Attached to |
+--------------------------------------+--------+-----------+------+-------------+
| f5610dc2-42ca-4632-86a1-9014e8d2eb90 | volume | available |    2 |             |
+--------------------------------------+--------+-----------+------+-------------+
```

通过命令查看某一块存储的详细信息，命令代码如下：

```
[root@controller ~]# openstack volume show volume
+------------------------------+--------------------------------------+
| Field                        | Value                                |
+------------------------------+--------------------------------------+
| attachments                  | []                                   |
| availability_zone            | nova                                 |
| bootable                     | false                                |
| consistencygroup_id          | None                                 |
| created_at                   | 2021-02-02T09:03:27.000000           |
| description                  | None                                 |
| encrypted                    | False                                |
| id                           | f5610dc2-42ca-4632-86a1-9014e8d2eb90 |
| migration_status             | None                                 |
| multiattach                  | False                                |
| name                         | volume                               |
| os-vol-host-attr:host        | compute@lvm#LVM                      |
```

```
| os-vol-mig-status-attr:migstat  | None                             |
| os-vol-mig-status-attr:name_id  | None                             |
| os-vol-tenant-attr:tenant_id    | 563a1bd3cee84608913f046e5a39fffd |
| properties                      |                                  |
| replication_status              | None                             |
| size                            | 2                                |
| snapshot_id                     | None                             |
| source_volid                    | None                             |
| status                          | available                        |
| type                            | None                             |
| updated_at                      | 2021-02-02T09:03:35.000000       |
| user_id                         | e8b526ab962b49cd918e51c58220c06b |
+---------------------------------+----------------------------------+
```

（4）挂载云硬盘

块存储设备创建成功后，可以在 OpenStack 上将该设备挂载至云主机上，该设备可以作为一块云硬盘来使用，给云主机添加一块磁盘。

将块存储挂载至云主机的命令为"openstack help server add volume"，其命令代码如下：

```
[root@controller ~]# openstack help server add volume
usage: openstack server add volume [-h] [--device <device>] <server> <volume>

Add volume to server

positional arguments:
  <server>          Server(name or ID)
  <volume>          Volume to add(name or ID)
```

使用命令将创建的"volume"块存储添加至云主机"centos_server"上，命令代码如下：

```
[root@controller ~]# openstack server add volume centos_server volume
```

使用命令查看块存储的列表信息，命令代码如下：

```
[root@controller ~]# openstack volume list
+--------------------------------------+--------+--------+------+-------
-----------------------------------+
| ID                                   | Name   | Status | Size | Attached to |
+--------------------------------------+--------+--------+------+-------
-----------------------------------+
| f5610dc2-42ca-4632-86a1-9014e8d2eb90 | volume | in-use |    2 | Attached
to centos_server on /dev/vdb |
+--------------------------------------+--------+--------+------+-------
-----------------------------------+
```

（5）登录云主机

使用 SSH 协议登录云主机，再使用"lsblk"命令查看云硬盘信息，可以看到云主机上多了一块 vdb 的硬盘，大小为 2GB，命令代码如下：

```
λ ssh root@192.168.200.117
The authenticity of host '192.168.200.117(192.168.200.117)' can't be
established.
ECDSA key fingerprint is SHA256:5wzLWyHiWvCACpZZDwpTeCCC/EmrwZqJmfzD6ww
Bebk.
Are you sure you want to continue connecting(yes/no)? yes
Warning: Permanently added '192.168.200.117'(ECDSA) to the list of known
hosts.
root@192.168.200.117's password:
Last failed login: Tue Feb  2 04:28:32 EST 2021 from 192.168.200.1 on ssh:notty
There were 2 failed login attempts since the last successful login.
Last login: Thu Jan 28 01:41:23 2021 from gateway
[root@centos-server ~]#
[root@centos-server ~]# lsblk
NAME             MAJ:MIN RM SIZE RO TYPE MOUNTPOINT
vda              252:0    0  15G 0 disk
 ├─vda1           252:1    0   1G 0 part /boot
 └─vda2           252:2    0   9G 0 part
   ├─centos-root 253:0    0   8G 0 lvm  /
   └─centos-swap 253:1    0   1G 0 lvm  [SWAP]
vdb              252:16   0   2G 0 disk
```

（6）管理云硬盘

云硬盘可以当作一块普通硬盘来使用，只是对于数据的存储介质不同，数据将存储在提供给云存储的硬盘中，而且也可以通过云存储服务对云硬盘进行快照、恢复等操作，保证数据的安全性。

对"vdb"硬盘进行分区、格式化、挂载操作。将"vdb"分出一个"vdb1"分区，对其进行格式化，格式为 ext4，将分区挂载至/mnt 目录中，命令代码如下：

```
[root@centos-server ~]# lsblk
NAME            MAJ:MIN RM SIZE RO TYPE MOUNTPOINT
vda             252:0    0  15G 0 disk
 ├─vda1          252:1    0   1G 0 part /boot
 └─vda2          252:2    0   9G 0 part
   ├─centos-root 253:0    0   8G 0 lvm  /
   └─centos-swap 253:1    0   1G 0 lvm  [SWAP]
vdb             252:16   0   2G 0 disk
[root@centos-server ~]# fdisk /dev/vdb
Welcome to fdisk(util-linux 2.23.2).

Changes will remain in memory only, until you decide to write them.
Be careful before using the write command.
```

```
Device does not contain a recognized partition table
Building a new DOS disklabel with disk identifier 0x9eca7bdf.

Command(m for help): n
Partition type:
   p   primary(0 primary, 0 extended, 4 free)
   e   extended
Select(default p): p
Partition number(1-4, default 1): 1
First sector(2048-4194303, default 2048): 2048
Last sector, +sectors or +size{K,M,G}(2048-4194303, default 4194303):
Using default value 4194303
Partition 1 of type Linux and of size 2 GiB is set

Command(m for help): p

Disk /dev/vdb: 2147 MB, 2147483648 bytes, 4194304 sectors
Units = sectors of 1 * 512 = 512 bytes
Sector size(logical/physical): 512 bytes / 512 bytes
I/O size(minimum/optimal): 512 bytes / 512 bytes
Disk label type: dos
Disk identifier: 0x9eca7bdf

   Device Boot      Start        End      Blocks   Id System
/dev/vdb1            2048    4194303     2096128   83 Linux

Command(m for help): w
The partition table has been altered!

Calling ioctl() to re-read partition table.
Syncing disks.
[root@centos-server ~]# lsblk
NAME            MAJ:MIN RM SIZE RO TYPE MOUNTPOINT
vda             252:0    0  15G  0 disk
├─vda1          252:1    0   1G  0 part /boot
└─vda2          252:2    0   9G  0 part
  ├─centos-root 253:0    0   8G  0 lvm  /
  └─centos-swap 253:1    0   1G  0 lvm  [SWAP]
vdb             252:16   0   2G  0 disk
└─vdb1          252:17   0   2G  0 part
[root@centos-server ~]# mkfs.ext4 /dev/vdb1
mke2fs 1.42.9(28-Dec-2013)
Filesystem label=
```

```
OS type: Linux
Block size=4096(log=2)
Fragment size=4096(log=2)
Stride=0 blocks, Stripe width=0 blocks
131072 inodes, 524032 blocks
26201 blocks(5.00%) reserved for the super user
First data block=0
Maximum filesystem blocks=536870912
16 block groups
32768 blocks per group, 32768 fragments per group
8192 inodes per group
Superblock backups stored on blocks:
        32768, 98304, 163840, 229376, 294912

Allocating group tables: done
Writing inode tables: done
Creating journal(8192 blocks): done
Writing superblocks and filesystem accounting information: done

[root@centos-server ~]# mount /dev/vdb1 /mnt/
[root@centos-server ~]# lsblk
NAME            MAJ:MIN RM SIZE RO TYPE MOUNTPOINT
vda             252:0    0  15G  0 disk
 ├─vda1          252:1    0   1G  0 part /boot
 └─vda2          252:2    0   9G  0 part
   ├─centos-root 253:0    0   8G  0 lvm  /
   └─centos-swap 253:1    0   1G  0 lvm  [SWAP]
vdb             252:16   0   2G  0 disk
 └─vdb1          252:17   0   2G  0 part /mnt
```

复制文件至云硬盘中，如将"/root/anaconda-ks.cfg"复制至"/mnt"中，命令代码如下：

```
[root@centos-server ~]# cp /root/anaconda-ks.cfg /mnt/
[root@centos-server ~]# ls /mnt/
anaconda-ks.cfg  lost+found
```

### 4. 块存储快照功能

Snapshot 可以为 volume 创建快照，快照中保存了 volume 当前的状态，此后可以通过 Snapshot 回溯。

Snapshot 主要采用了 Copy On Write 算法。进行快照时，不牵涉任何档案复制动作，它所做的只是通知服务器将目前有数据的磁盘区块全部保留起来，不被覆写。接下来档案修改或任何新增、删除动作，均不会覆写原本数据所在的磁盘区块，而是将修改部分写入其他可用的磁盘区块中。资源的复制只有在需要写入的时候才进行，此前，它是以只读方式共享的，使实际的复制被推迟到实际发生写入的时候进行。

（1）查询 volume 状态

使用命令查看"volume"卷的状态，创建快照时需要卷不在"in-use"状态，命令代码如下：

```
[root@controller ~]# openstack volume list
+------------------------------------+--------+---------+------+-----
------------------------------------+
| ID                                 | Name   | Status  | Size | Attached to   |
+------------------------------------+--------+---------+------+-----
------------------------------------+
| f5610dc2-42ca-4632-86a1-9014e8d2eb90 | volume | in-use  |    2 | Attached
to centos_server on /dev/vdb  |
+------------------------------------+--------+---------+------+-----
------------------------------------+
```

因为此 volume 正在被云主机进行使用，无法创建快照，需要登录云主机，先将云硬盘取消挂载，具体操作命令如下：

```
[root@centos-server ~]# umount  /mnt/
```

使用"openstack help server remove volume"命令将云主机与 volume 卷进行分离，命令代码如下：

```
[root@controller ~]# openstack help server remove volume
usage: openstack server remove volume [-h] <server> <volume>
```

然后将 volume 卷与云主机分离，才可以通过 OpenStack 创建快照，分离卷后查看 volume 状态列表，操作命令如下：

```
[root@controller ~]# openstack server remove volume centos_server volume
[root@controller ~]# openstack volume list
+------------------------------------+--------+-----------+------+----
---------+
| ID                                 | Name   | Status    | Size | Attached to     |
+------------------------------------+--------+-----------+------+----
---------+
| f5610dc2-42ca-4632-86a1-9014e8d2eb90 | volume | available |    2 |       |
+------------------------------------+--------+-----------+------+----
---------+
```

（2）创建快照

使用"openstack help volume snapshot create"命令可以创建一个快照，命令代码如下：

```
[root@controller ~]# openstack help volume snapshot create
usage: openstack volume snapshot create [-h]
                                [-f {json,shell,table,value,yaml}]
                                [-c COLUMN] [--max-width <integer>]
```

```
                              [--fit-width] [--print-empty]
                              [--noindent] [--prefix PREFIX]
                              [--volume <volume>]
                              [--description <description>]
                              [--force] [--property <key=value>]
                              [--remote-source <key=value>]
                              <snapshot-name>
```

使用命令创建 volume 卷的快照"snapshot-volume"，添加参数"--volume"即可，命令代码如下：

```
[root@controller ~]#  openstack volume snapshot create --volume volume
snapshot-volume
+-------------+--------------------------------------+
| Field       | Value                                |
+-------------+--------------------------------------+
| created_at  | 2021-02-03T05:08:44.594617           |
| description | None                                 |
| id          | deab0700-5644-4677-8600-bf70d96ce640 |
| name        | snapshot-volume                      |
| properties  |                                      |
| size        | 2                                    |
| status      | creating                             |
| updated_at  | None                                 |
| volume_id   | f5610dc2-42ca-4632-86a1-9014e8d2eb90 |
+-------------+--------------------------------------+
```

通过使用"openstack volume snapshot list"命令查看快照列表信息，命令代码如下：

```
[root@controller ~]# openstack volume snapshot list
+--------------------------------------+-----------------+-------------+-----------+------+
| ID                                   | Name            | Description | Status    | Size |
+--------------------------------------+-----------------+-------------+-----------+------+
| deab0700-5644-4677-8600-bf70d96ce640 | snapshot-volume | None        | available | 2    |
+--------------------------------------+-----------------+-------------+-----------+------+
```

通过使用"openstack volume snapshot show"命令查看快照的详细信息，命令代码如下：

```
[root@controller ~]# openstack volume snapshot show snapshot-volume
+--------------------------------------------+-------------------------------------
------------+
| Field                                      | Value                               |
+--------------------------------------------+-------------------------------------
```

146

```
-----------+
  | created_at                                | 2021-02-03T05:08:44.000000              |
  | description                               | None                                    |
  | id                                        | deab0700-5644-4677-8600-
bf70d96ce640 |
  | name                                      | snapshot-volume                         |
  | os-extended-snapshot-attributes:progress  | 100%                                    |
  | os-extended-snapshot-attributes:project_id | 563a1bd3cee84608913f046e5a
39fffd    |
  | properties                                |                                         |
  | size                                      | 2                                       |
  | status                                    | available                               |
  | updated_at                                | 2021-02-03T05:08:46.000000              |
  | volume_id                                 | f5610dc2-42ca-4632-86a1-9014e8
d2eb90 |
  +-------------------------------------------+-----------------------------------
-----------+
```

（3）使用快照创建卷

在创建完卷快照后，卷内数据可以使用快照进行恢复。通过快照来创建卷，使用"openstack volume create"命令并添加"--snapshot"参数指定快照名称创建卷"volume-test"，命令代码如下：

```
[root@controller ~]# openstack volume create --snapshot snapshot-volume
volume-test
+--------------------+--------------------------------------+
| Field              | Value                                |
+--------------------+--------------------------------------+
| attachments        | []                                   |
| availability_zone  | nova                                 |
| bootable           | false                                |
| consistencygroup_id | None                                |
| created_at         | 2021-02-03T05:32:22.000000           |
| description        | None                                 |
| encrypted          | False                                |
| id                 | 595adc80-a3ca-48e0-ba2a-e077ad7fb465 |
| migration_status   | None                                 |
| multiattach        | False                                |
| name               | volume-test                          |
| properties         |                                      |
| replication_status | None                                 |
| size               | 2                                    |
| snapshot_id        | deab0700-5644-4677-8600-bf70d96ce640 |
| source_volid       | None                                 |
```

```
| status          | creating                            |
| type            | None                                |
| updated_at      | None                                |
| user_id         | e8b526ab962b49cd918e51c58220c06b    |
+-------------------+-------------------------------------+
```

查看 volume 列表信息，命令代码如下：

```
[root@controller ~]# openstack volume list
+--------------------------------------+-------------+-----------+------+-------------+
| ID                                   | Name        | Status    | Size | Attached to |
+--------------------------------------+-------------+-----------+------+-------------+
| 595adc80-a3ca-48e0-ba2a-e077ad7fb465 | volume-test | available |   2 |             |
| f5610dc2-42ca-4632-86a1-9014e8d2eb90 | volume      | available |   2 |             |
+--------------------------------------+-------------+-----------+------+-------------+
```

（4）挂载云硬盘

将使用卷快照所创建的卷"volume-test"挂载至云主机"centos_server"上，命令代码如下：

```
[root@controller ~]# openstack server add volume centos_server volume-test
```

然后登录至云主机，使用"mount"命令将文件挂载至/mnt 目录上，查看/mnt 目录中是否存在所存储的"anaconda-ks.cfg"文件，命令代码如下：

```
[root@centos-server ~]# lsblk
NAME             MAJ:MIN RM SIZE RO TYPE MOUNTPOINT
vda              252:0    0 15G  0 disk
 ├─vda1          252:1    0  1G  0 part /boot
 └─vda2          252:2    0  9G  0 part
   ├─centos-root 253:0    0  8G  0 lvm  /
   └─centos-swap 253:1    0  1G  0 lvm  [SWAP]
vdb              252:16   0  2G  0 disk
 └─vdb1          252:17   0  2G  0 part
[root@centos-server ~]# mount /dev/vdb1 /mnt/
[root@centos-server ~]# ls /mnt/
anaconda-ks.cfg lost+found
```

5. 扩展卷

（1）扩展卷大小

创建完卷后可能因为需求的变更，需要对已有的卷进行扩容操作，这时就需要用到"openstack help volume set"命令修改卷的信息，命令代码如下：

```
[root@controller ~]# openstack help volume set
```

```
usage: openstack volume set [-h] [--name <name>] [--size <size>]
                            [--description <description>] [--no-property]
                            [--property <key=value>]
                            [--image-property <key=value>] [--state <state>]
                            [--type <volume-type>]
                            [--retype-policy <retype-policy>]
                            [--bootable | --non-bootable]
                            [--read-only | --read-write]
                            <volume>
```

通过命令将"volume"卷大小从 2GB 扩容至 3GB，使用"--size"参数可修改已创建好的卷大小，命令代码如下：

```
[root@controller ~]# openstack volume list
  +--------------------------------------+-------------+-----------+------
+----------------------------------------+
  | ID                                   | Name        | Status    | Size | Attached
to                  |
  +--------------------------------------+-------------+-----------+------
+----------------------------------------+
  | 595adc80-a3ca-48e0-ba2a-e077ad7fb465 | volume-test | in-use    |    2 |
Attached to centos_server on /dev/vdb |
  | f5610dc2-42ca-4632-86a1-9014e8d2eb90 | volume      | available |    2 | |
  +--------------------------------------+-------------+-----------+------
+----------------------------------------+
  [root@controller ~]# openstack volume set --size 3 volume
  [root@controller ~]# openstack volume list
  +--------------------------------------+-------------+-----------+------
+----------------------------------------+
  | ID                                   | Name        | Status    | Size | Attached
to                  |
  +--------------------------------------+-------------+-----------+------
+----------------------------------------+
  | 595adc80-a3ca-48e0-ba2a-e077ad7fb465 | volume-test | in-use    |    2 |
Attached to centos_server on /dev/vdb |
  | f5610dc2-42ca-4632-86a1-9014e8d2eb90 | volume      | available |    3 | |
  +--------------------------------------+-------------+-----------+------
+----------------------------------------+
```

（2）验证卷大小

将扩容后的卷"volume"挂载至云主机"centos_server"上，命令代码如下：

```
[root@controller ~]# openstack server add volume centos_server volume
[root@controller ~]# openstack volume list
  +--------------------------------------+-------------+--------+------+--
```

```
------------------------------------------+
| ID                             | Name       | Status | Size | Attached to   |
+-------------------------------------+-------------+---------+------+--
------------------------------------------+
| 595adc80-a3ca-48e0-ba2a-e077ad7fb465 | volume-test | in-use |    2 |
Attached to centos_server on /dev/vdb |
| f5610dc2-42ca-4632-86a1-9014e8d2eb90 | volume      | in-use |    3 |
Attached to centos_server on /dev/vdc |
+-------------------------------------+-------------+---------+------+--
------------------------------------------+
```

可以看到卷"volume"已挂载至云主机"centos_server"上，盘符的名称为"/dev/vdc"，使用 SSH 工具登录云主机，输入命令"lsblk"查看云硬盘大小是否为 3GB，命令代码如下：

```
[root@centos-server ~]# lsblk
NAME            MAJ:MIN RM SIZE RO TYPE MOUNTPOINT
vda             252:0    0  15G  0 disk
├─vda1          252:1    0   1G  0 part /boot
└─vda2          252:2    0   9G  0 part
  ├─centos-root 253:0    0   8G  0 lvm  /
  └─centos-swap 253:1    0   1G  0 lvm  [SWAP]
vdb             252:16   0   2G  0 disk
└─vdb1          252:17   0   2G  0 part /mnt
vdc             252:32   0   3G  0 disk
└─vdc1          252:33   0   2G  0 part
```

可以看到盘符"vdc"的大小为 3GB。此时云硬盘已经扩展完成。

6. 设置卷只读

（1）分离云硬盘

因为卷处在"in-use"使用状态无法修改其属性，需要将卷"volume"与云主机"centos_server"进行分离，执行命令如下：

```
[root@controller ~]# openstack server remove volume centos_server volume
[root@controller ~]# openstack volume list
+-------------------------------------+-------------+-----------+------
+-------------------------------------+
| ID                             | Name       | Status    | Size | Attached
to              |
+-------------------------------------+-------------+-----------+------
+-------------------------------------+
| 595adc80-a3ca-48e0-ba2a-e077ad7fb465 | volume-test | in-use    |    2 |
Attached to centos_server on /dev/vdb |
| f5610dc2-42ca-4632-86a1-9014e8d2eb90 | volume      | available |    3 | |
+-------------------------------------+-------------+-----------+------
+-------------------------------------+
```

（2）设置卷只读属性

通过命令"openstack volume set"并添加参数"--read-only"对卷"volume"设置只读属性，然后查看卷的详细信息。执行命令如下：

```
[root@controller ~]# openstack volume set --read-only volume
[root@controller ~]# openstack volume show volume
+---------------------------------+---------------------------------------+
| Field                           | Value                                 |
+---------------------------------+---------------------------------------+
| attachments                     | []                                    |
| availability_zone               | nova                                  |
| bootable                        | false                                 |
| consistencygroup_id             | None                                  |
| created_at                      | 2021-02-02T09:03:27.000000            |
| description                     | None                                  |
| encrypted                       | False                                 |
| id                              | f5610dc2-42ca-4632-86a1-9014e8d2eb90  |
| migration_status                | None                                  |
| multiattach                     | False                                 |
| name                            | volume                                |
| os-vol-host-attr:host           | compute@lvm#LVM                       |
| os-vol-mig-status-attr:migstat  | None                                  |
| os-vol-mig-status-attr:name_id  | None                                  |
| os-vol-tenant-attr:tenant_id    | 563a1bd3cee84608913f046e5a39fffd      |
| properties                      | readonly='True'                       |
| replication_status              | None                                  |
| size                            | 3                                     |
| snapshot_id                     | None                                  |
| source_volid                    | None                                  |
| status                          | available                             |
| type                            | None                                  |
| updated_at                      | 2021-02-03T07:37:25.000000            |
| user_id                         | e8b526ab962b49cd918e51c58220c06b      |
+---------------------------------+---------------------------------------+
```

可以看出 properties 参数为"readonly=True"，此时卷为只读状态。

（3）挂载云硬盘

更改卷"volume"为只读属性后，将卷"volume"挂载至云主机"centos_server"上，命令代码如下：

```
[root@controller ~]# openstack server add volume centos_server volume
[root@controller ~]# openstack volume list
+--------------------------------------+-------------+--------+------+--
----------------------------------+
```

```
| ID                                   | Name        | Status | Size | Attached to    |
+--------------------------------------+-------------+--------+------+--
--------------------------------------+
| 595adc80-a3ca-48e0-ba2a-e077ad7fb465 | volume-test | in-use |    2 |
Attached to centos_server on /dev/vdb |
| f5610dc2-42ca-4632-86a1-9014e8d2eb90 | volume      | in-use |    3 |
Attached to centos_server on /dev/vdc |
+--------------------------------------+-------------+--------+------+--
--------------------------------------+
```

查看到卷"volume"已挂载至云主机"centos_server"上，盘符名称为"/dev/vdc"，登录到云主机中，将云硬盘盘符挂载至/mnt，复制"/tmp/yum.log"文件至/mnt 目录下，执行命令如下：

```
[root@centos-server ~]# umount /mnt/
[root@centos-server ~]# mount /dev/vdc1 /mnt/
mount: /dev/vdc1 is write-protected, mounting read-only
[root@centos-server ~]# cp /tmp/yum.log /mnt/
cp: cannot create regular file '/mnt/yum.log': Read-only file system
[root@centos-server ~]# ls /mnt/
anaconda-ks.cfg  lost+found
```

可以看到提示信息，所挂载的云硬盘分区为只读属性，当复制数据至云硬盘时，会提示只读无法完成写入操作。

## 6.3 Swift 对象存储服务的使用和运维

Swift 服务运维与排错

### 1. 规划节点

OpenStack 环境节点规划，见表 6-3。

表 6-3　OpenStack 环境节点规划

| IP 地址 | 主机名 | 节点 |
| --- | --- | --- |
| 192.168.100.10 | controller | controller |
| 192.168.100.20 | compute | compute |

### 2. 基础准备

使用本地 PC 环境下由 VMware Workstation 软件启动的双台虚拟机来构建 OpenStack 平台环境，此案例在 OpenStack 环境中进行。

### 3. 对象存储服务

（1）查看服务状态

在 OpenStack 平台中使用命令"swift stat"查看对象存储服务状态，执行命令如下：

```
[root@controller ~]# swift stat
```

```
            Account: AUTH_563a1bd3cee84608913f046e5a39fffd
         Containers: 0
            Objects: 0
              Bytes: 0
    X-Put-Timestamp: 1612342537.62212
        X-Timestamp: 1612342537.62212
         X-Trans-Id: tx308afd55a7dd4527bebee-00601a64f6
       Content-Type: text/plain; charset=utf-8
X-Openstack-Request-Id: tx308afd55a7dd4527bebee-00601a64f6
```

（2）创建容器

通过"openstack help container create"命令创建容器，命令代码如下：

```
[root@controller ~]# openstack  help container create
usage: openstack container create [-h] [-f {csv,json,table,value,yaml}]
                          [-c COLUMN] [--max-width <integer>]
                          [--fit-width] [--print-empty] [--noindent]
                          [--quote {all,minimal,none,nonnumeric}]
                          [--sort-column SORT_COLUMN]
                          <container-name> [<container-name> ...]
```

使用命令创建容器，名称为"swift-test"，命令代码如下：

```
[root@controller ~]# openstack  container create  swift-test
+----------------------------------------+------------+--------------------
-----------------+
| account                                | container  | x-trans-id         |
+----------------------------------------+------------+--------------------
-----------------+
| AUTH_563a1bd3cee84608913f046e5a39fffd  | swift-test | tx1e26dacfc4374
f1b9e6fb-00601b5e41 |
+----------------------------------------+------------+--------------------
-----------------+
```

（3）查看容器

使用命令查询容器列表信息，命令代码如下：

```
[root@controller ~]# openstack container list
+------------+
| Name       |
+------------+
| swift-test |
+------------+
```

使用命令查询容器的详细信息，命令代码如下：

```
[root@controller ~]# openstack container show swift-test
```

```
+--------------+------------------------------------------+
| Field        | Value                                    |
+--------------+------------------------------------------+
| account      | AUTH_563a1bd3cee84608913f046e5a39fffd    |
| bytes_used   | 0                                        |
| container    | swift-test                               |
| object_count | 0                                        |
+--------------+------------------------------------------+
```

（4）创建对象

创建完容器后，通过使用命令"openstack help object create"在对象中创建对象，命令代码如下：

```
[root@controller ~]# openstack help object create
usage: openstack object create [-h] [-f {csv,json,table,value,yaml}]
                               [-c COLUMN] [--max-width <integer>]
                               [--fit-width] [--print-empty] [--noindent]
                               [--quote {all,minimal,none,nonnumeric}]
                               [--sort-column SORT_COLUMN] [--name <name>]
                               <container> <filename> [<filename> ...]
```

在使用命令创建对象前，需要在本地创建上传后的目录结构。在本地创建名为"test"的目录"/root/test"，并将/root/anaconda-ks.cfg文件复制至"/root/test"目录中，命令代码如下：

```
[root@controller ~]# mkdir test
[root@controller ~]# cp anaconda-ks.cfg test/
```

创建对象的过程也是向容器中上传文件的过程，使用命令创建"test/anaconda-ks.cfg"和"anaconda-ks.cfg"对象，命令代码如下：

```
[root@controller ~]# openstack object create swift-test test/anaconda-ks.cfg
+----------------------+------------+----------------------------------+
| object               | container  | etag                             |
+----------------------+------------+----------------------------------+
| test/anaconda-ks.cfg | swift-test | 8468a8ad5542baa9fde942cadbf44fdb |
+----------------------+------------+----------------------------------+
[root@controller ~]# openstack object create swift-test anaconda-ks.cfg
+-----------------+------------+----------------------------------+
| object          | container  | etag                             |
+-----------------+------------+----------------------------------+
| anaconda-ks.cfg | swift-test | 8468a8ad5542baa9fde942cadbf44fdb |
+-----------------+------------+----------------------------------+
```

（5）查看对象

创建完对象后，使用命令"openstack help object list"查看对象信息，命令代码如下：

```
[root@controller ~]# openstack help object list
```

```
usage: openstack object list [-h] [-f {csv,json,table,value,yaml}] [-c COLUMN]
                             [--max-width <integer>] [--fit-width]
                             [--print-empty] [--noindent]
                             [--quote {all,minimal,none,nonnumeric}]
                             [--sort-column SORT_COLUMN] [--prefix <prefix>]
                             [--delimiter <delimiter>] [--marker <marker>]
                             [--end-marker <end-marker>]
                             [--limit <num-objects>] [--long] [--all]
                             <container>
```

使用命令查看容器"swift-test"中的所有对象信息，命令代码如下：

```
[root@controller ~]# openstack  object list swift-test
+----------------------+
| Name                 |
+----------------------+
| anaconda-ks.cfg      |
| test/anaconda-ks.cfg |
+----------------------+
```

通过查询命令可以看出，在通过命令上传对象时，本地路径即为容器内对象路径。使用命令"openstack object show"查询"swift-test"容器中"test/anaconda-ks.cfg"对象的详细信息，命令代码如下：

```
[root@controller opt]# openstack object show swift-test test/anaconda-ks.cfg
+----------------+----------------------------------------+
| Field          | Value                                  |
+----------------+----------------------------------------+
| account        | AUTH_563a1bd3cee84608913f046e5a39fffd  |
| container      | swift-test                             |
| content-length | 1638                                   |
| content-type   | application/octet-stream               |
| etag           | 8468a8ad5542baa9fde942cadbf44fdb       |
| last-modified  | Thu, 04 Feb 2021 07:52:58 GMT          |
| object         | test/anaconda-ks.cfg                   |
+----------------+----------------------------------------+
```

（6）下载对象

存储在容器中的对象，可以在需要使用时，通过"openstack help object save"命令下载至本地，命令代码如下：

```
[root@controller ~]# openstack help object save
usage: openstack object save [-h] [--file <filename>] <container> <object>


Save object locally
```

使用命令将"swift-test"容器中的"test/anaconda-ks.cfg"对象下载至本地/opt/目录下，

命令代码如下：

```
[root@controller ~]# cd /opt/
[root@controller opt]# openstack object save swift-test test/anaconda-ks.cfg
[root@controller opt]# ls test/
anaconda-ks.cfg
```

（7）删除对象

使用"openstack help object delete"命令删除容器内的对象，命令代码如下：

```
[root@controller opt]# openstack help object delete
usage: openstack object delete [-h] <container> <object> [<object> ...]
```

先使用删除对象命令将"swift-test"容器内的"test/anaconda-ks.cfg"删除，再查看"swift-test"容器中对象列表信息，命令代码如下：

```
[root@controller opt]# openstack object delete swift-test test/anaconda-ks.cfg
[root@controller opt]# openstack object list swift-test
+-----------------+
| Name            |
+-----------------+
| anaconda-ks.cfg |
+-----------------+
```

（8）删除容器

使用"openstack help container delete"命令删除容器，命令代码如下：

```
[root@controller opt]# openstack help container delete
usage: openstack container delete [-h] [--recursive]
                                  <container> [<container> ...]
```

使用删除容器命令将"swift-test"容器删除，因为容器内存有对象，所以无法直接删除。

```
[root@controller opt]# openstack container delete swift-test
Conflict(HTTP 409)(Request-ID: tx8c3de39f832f49ac9d655-00601bba0a)
```

必须添加"--recursive"参数将容器内部对象一起删除，才可以删除"swift-test"容器，删除后再查看容器列表信息，命令代码如下：

```
[root@controller opt]# openstack container delete --recursive swift-test
[root@controller opt]# openstack container list
```

4. 访问容器对象

（1）登录 Dashboard

打开 Web 浏览器，输入地址"http://192.168.100.10/dashboard"，访问"OpenStack Dashboard"页面，输入 Domain 为 demo、用户名为 admin、密码为 000000，单击"连接"按钮，如图 6-2 所示。

图 6-2　OpenStack Dashboard 登录页面

在左侧导航栏选择"项目"→"对象存储"→"容器"选项，可以通过 Web 页面的形式操作对象存储，如图 6-3 所示。

图 6-3　容器页面

（2）创建容器

单击"＋容器"按钮，创建一个新的容器，在弹出的页面中，填写容器名称"test"，单击"提交"按钮，如图 6-4 所示。

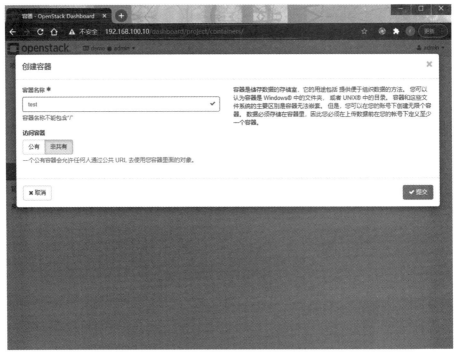

图 6-4　创建容器页面

（3）上传对象

创建完成后，可以在页面中查看到所创建的容器"test"，这时的容器中没有对象，单击页面右侧的"上传"按钮 ，上传对象，如图 6-5 所示。

图 6-5　上传对象页面

在提示的对话框中，选择要上传的文件，这里上传一张图片"timg.jpg"，文件名称可以根据需求进行修改，选择完成后，单击"上传文件"按钮，如图 6-6 所示。

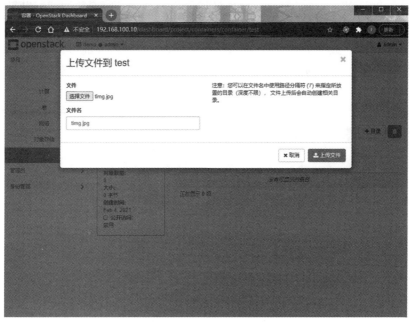

图 6-6    上传文件页面

上传完成后在页面中可以查看到所上传的对象，如图 6-7 所示。

图 6-7    查看图片页面

（4）通过页面访问容器对象

因为创建的容器没有开启访问权限，需要在容器页面选择要开启权限的容器，选中"公

159

开访问"复选框，开启访问权限，如图6-8所示。

图 6-8　开设权限页面

单击容器信息中"公开访问"后的"链接"按钮，即可跳转至容器访问页面，在跳转的页面中会出现无法访问的情况，如图6-9所示。

图 6-9　尝试访问页面

修改导航栏中的地址，将 controller 修改为 192.168.100.10，然后按回车键确认即可访问容器内容，如图6-10所示。

图 6-10　修改导航栏页面

Web 页面中显示的内容为容器信息，包含对象名称等信息，可在浏览器地址栏后添加容器内对象名称"timg.jpg"，即可直接打开对象内容，如图 6-11 所示。

图 6-11　查看对象内容页面

5. Glance 使用 Swift 做后端存储

（1）修改 Glance 配置文件

Glance 配置文件为/etc/glance/glance-api.conf，默认 Glance 存储为本地文件系统存储，存储路径是/var/lib/glance/images/，默认配置代码如下：

```
[glance_store]
stores = file,http
default_store = file
filesystem_store_datadir = /var/lib/glance/images/
```

在 controller 节点使用 vi 命令修改 Glance 配置文件 "/etc/glance/glance-api.conf"，将默认配置注释，添加 Glance 使用 Swift 后端存储配置，修改配置代码如下：

```
[root@controller ~]# vi /etc/glance/glance-api.conf
[glance_store]
#stores = file,http
#default_store = file
#filesystem_store_datadir = /var/lib/glance/images/
stores = glance.store.swift.Store
default_store=swift
swift_store_auth_address=http://controller:5000/v3.0
swift_store_endpoint_tyep=internalURL
swift_store_multi_tenant=True
swift_store_admin_tenants=service
swift_store_user=glance
swift_store_key=000000
swift_store_container=glance
swift_store_create_container_on_put=True
swift_store_large_object_size=5120
swift_store_large_object_chunk_size=200
swift_store_region=RegionOne
```

修改完配置文件后，需要重启 Glance 相关服务才能使配置文件代码生效，重启 Glance 相关服务命令代码如下：

```
[root@controller ~]# systemctl restart openstack-glance-*
```

（2）查询镜像信息

使用 OpenStack 命令查询平台中镜像列表信息，命令代码如下：

```
[root@controller ~]# openstack image list
+--------------------------------------+-----------+--------+
| ID                                   | Name      | Status |
+--------------------------------------+-----------+--------+
| 2fa6bcb5-594f-4bf5-925e-b0fbf34aab35 | centos    | active |
| 0bc5fd25-7eb0-481b-92a0-0b9b538af226 | centos7.5 | active |
+--------------------------------------+-----------+--------+
```

使用 "ls" 命令查询 Glance 默认存储目录下的镜像文件，命令代码如下：

```
[root@controller ~]# ls /var/lib/glance/images/
0bc5fd25-7eb0-481b-92a0-0b9b538af226 2fa6bcb5-594f-4bf5-925e-b0fbf34aab35
```

（3）上传镜像

修改完成 Glance 后端存储为 Swift 后，使用"glance image-create"命令上传镜像，命令代码如下：

```
[root@controller  ~]#  glance  image-create  --name  centos7.5_swift
--disk-format qcow2 --container-format bare --progress < /opt/iaas/images/
CentOS_7.5_x86_64_XD.qcow2
  [==============================>] 100%
  +------------------+--------------------------------------+
  | Property         | Value                                |
  +------------------+--------------------------------------+
  | checksum         | 3d3e9c954351a4b6953fd156f0c29f5c     |
  | container_format | bare                                 |
  | created_at       | 2021-02-05T08:33:48Z                 |
  | disk_format      | qcow2                                |
  | id               | 6cfabf0b-d6dd-4ef4-8165-aa406179d692 |
  | min_disk         | 0                                    |
  | min_ram          | 0                                    |
  | name             | centos7.5_swift                      |
  | owner            | 563a1bd3cee84608913f046e5a39fffd     |
  | protected        | False                                |
  | size             | 510459904                            |
  | status           | active                               |
  | tags             | []                                   |
  | updated_at       | 2021-02-05T08:34:03Z                 |
  | virtual_size     | None                                 |
  | visibility       | shared                               |
  +------------------+--------------------------------------+
```

通过 OpenStack 命令查询镜像列表信息，命令代码如下：

```
[root@controller ~]# openstack image list
+--------------------------------------+-----------------+--------+
| ID                                   | Name            | Status |
+--------------------------------------+-----------------+--------+
| 2fa6bcb5-594f-4bf5-925e-b0fbf34aab35 | centos          | active |
| 0bc5fd25-7eb0-481b-92a0-0b9b538af226 | centos7.5       | active |
| 6cfabf0b-d6dd-4ef4-8165-aa406179d692 | centos7.5_swift | active |
+--------------------------------------+-----------------+--------+
```

查看到上传的镜像"centos_swift"存在于 OpenStack 平台中，通过"ls"命令查看本地 Glance 默认存储路径下是否存在上传的镜像 ID，命令代码如下：

```
[root@controller ~]# ls /var/lib/glance/images/
0bc5fd25-7eb0-481b-92a0-0b9b538af226 2fa6bcb5-594f-4bf5-925e-b0fbf34aab35
```

本地默认路径下没有新上传的镜像 ID 文件，通过 OpenStack 平台查询 Swift 容器列表信息，查看所上传的镜像，命令代码如下：

```
[root@controller ~]# openstack container list
+-------------------------------------------+
| Name                                      |
+-------------------------------------------+
| glance_6cfabf0b-d6dd-4ef4-8165-aa406179d692 |
| glance_9461c7a0-5a46-450b-9347-dd31947cf2b0 |
| test                                      |
+-------------------------------------------+
```

可以在容器信息中看到名称以"glance_"开头的容器，后面的 ID 为 Glance 镜像 ID，即为存储在 Swift 中的 Glance 镜像。通过命令查看容器内部信息，命令代码如下：

```
[root@controller ~]# openstack object list glance_6cfabf0b-d6dd-4ef4-
8165-aa406179d692
+-------------------------------------------+
| Name                                      |
+-------------------------------------------+
| 6cfabf0b-d6dd-4ef4-8165-aa406179d692       |
| 6cfabf0b-d6dd-4ef4-8165-aa406179d692-00001 |
| 6cfabf0b-d6dd-4ef4-8165-aa406179d692-00002 |
| 6cfabf0b-d6dd-4ef4-8165-aa406179d692-00003 |
+-------------------------------------------+
```

存储在 Swift 的镜像文件，会经过分片处理后进行存储。

（4）启动云主机

使用上传的镜像"centos7.5_swift"启动云主机"centos_swift"，flavor 使用"centos1"，network 使用"network-flat"。启动云主机命令代码如下：

```
[root@controller ~]# openstack server create --image centos7.5 --flavor
centos1 --network network-flat centos_swift
+-----------------------------------+----------------------------------
-----------------+
| Field                             | Value
                 |
+-----------------------------------+----------------------------------
-----------------+
| OS-DCF:diskConfig                 | MANUAL                            |
| OS-EXT-AZ:availability_zone       |                                   |
| OS-EXT-SRV-ATTR:host              | None                              |
| OS-EXT-SRV-ATTR:hypervisor_hostname | None                            |
| OS-EXT-SRV-ATTR:instance_name     |                                   |
| OS-EXT-STS:power_state            | NOSTATE                           |
| OS-EXT-STS:task_state             | scheduling                        |
```

```
| OS-EXT-STS:vm_state              | building                     |
| OS-SRV-USG:launched_at           | None                         |
| OS-SRV-USG:terminated_at         | None                         |
| accessIPv4                       |                              |
| accessIPv6                       |                              |
| addresses                        |                              |
| adminPass                        | SaFAcn9ZWuzq                 |
| config_drive                     |                              |
| created                          | 2021-02-06T01:34:34Z         |
| flavor                           | centos1(17ae1235-b841-4473-83a0-
82e0b34287a1)   |
| hostId                           |                              |
| id                               | 5512c290-e9de-4029-94cb-46e431418961 |
| image                            | centos7.5(0bc5fd25-7eb0-481b-92a0-
0b9b538af226)  |
| key_name                         | None                         |
| name                             | centos_swift                 |
| progress                         | 0                            |
| project_id                       | 563a1bd3cee84608913f046e5a39fffd |
| properties                       |                              |
| security_groups                  | name='default'               |
| status                           | BUILD                        |
| updated                          | 2021-02-06T01:34:34Z         |
| user_id                          | e8b526ab962b49cd918e51c58220c06b |
| volumes_attached                 |                              |
+----------------------------------+------------------------------+
```

（5）登录云主机

通过 OpenStack 命令查询云主机 IP 地址，命令代码如下：

```
[root@controller ~]# openstack server list
+--------------------------------------+--------------+--------+----------------------------+-----------+----------+
| ID                                   | Name         | Status | Networks                   | Image     | Flavor   |
+--------------------------------------+--------------+--------+----------------------------+-----------+----------+
| 5512c290-e9de-4029-94cb-46e431418961 | centos_swift | ACTIVE | network-flat=192.168.200.103 | centos7.5 | centos1 |
+--------------------------------------+--------------+--------+----------------------------+-----------+----------+
```

使用本地 SSH 工具访问云主机，进行登录。登录云主机后，使用"ip a"命令查询 IP 地址信息。操作命令代码如下：

```
λ ssh root@192.168.200.103
The authenticity of host '192.168.200.103(192.168.200.103)' can't be
established.
ECDSA key fingerprint is SHA256:fRNvYmAyWHgklZUHhONswpKw7ryv4MkfmmfLnIY+/jw.
Are you sure you want to continue connecting(yes/no)? yes
Warning: Permanently added '192.168.200.103'(ECDSA) to the list of known
hosts.
root@192.168.200.103's password:
Last login: Thu Jan 28 01:41:23 2021 from gateway
[root@centos-swift ~]# ip a
1: lo: <LOOPBACK,UP,LOWER_UP> mtu 65536 qdisc noqueue state UNKNOWN group
default qlen 1000
    link/loopback 00:00:00:00:00:00 brd 00:00:00:00:00:00
    inet 127.0.0.1/8 scope host lo
      valid_lft forever preferred_lft forever
    inet6 ::1/128 scope host
      valid_lft forever preferred_lft forever
2: eth0: <BROADCAST,MULTICAST,UP,LOWER_UP> mtu 1500 qdisc pfifo_fast state
UP group default qlen 1000
    link/ether fa:16:3e:1a:7e:ab brd ff:ff:ff:ff:ff:ff
    inet 192.168.200.103/24 brd 192.168.200.255 scope global noprefixroute
dynamic eth0
    valid_lft 83396sec preferred_lft 83396sec
    inet6 fe80::f816:3eff:fe1a:7eab/64 scope link
      valid_lft forever preferred_lft forever
```

## 归纳总结

通过本单元的学习，读者应该对 OpenStack 存储服务有了一定的认识，也熟悉了 Cinder 和 Swift 存储的架构原理。通过实操练习，要求掌握 Cinder 块存储服务的基本使用命令，掌握 Swift 对象存储服务的基本使用命令。

## 课后练习

**一、判断题**

1. 一块 Cinder 的云硬盘可以同时挂载到多个云主机。（　　）
2. Swift 对象存储中的容器，相当于目录的概念。（　　）

**二、单项选择题**

1. 下列选项当中，哪个是 Cinder 查看云硬盘信息命令？（　　）

A. cinder show　　　B. cinder display　　　C. cinder list　　　D. cinder reveal

2. 以下关于 Swift 服务的描述中错误的是哪一项？（　　）

A. Swift 通过 REST API 接口来访问数据，可以通过 API 编程实现文件的存储和管理，使得资源管理实现自动化

B. Swift 提供多重备份机制，拥有极高的数据可靠性，数据存放在高分布式的 Swift 系统中，几乎不会丢失

C. Swift 通过独立节点来形成存储系统，但在数据量的存储上不能做到无限拓展

D. Swift 的性能可以通过增加 Swift 集群来实现线性提升，所以 Swift 很难达到性能瓶颈

**三、多项选择题**

1. 块存储服务（Cinder）为实例提供块存储。存储的分配和消耗是由块存储驱动器，或者多后端配置的驱动器决定的。下面哪些是可用的驱动程序？（　　）

A. NAS/SAN　　　　B. NFS　　　　　　C. NTFS　　　　　　D. Ceph

2. 下面哪些是 Swift 对象存储的特点？（　　）

A. 弹性可伸缩　　　B. 高可用　　　　　C. 分布式　　　　　　D. 集群式

**技能训练**

1. 在 OpenStack 平台控制节点，使用 Cinder 命令，创建一个大小为 2GB 的云硬盘"extend- demo"，并且查看云硬盘信息，是否创建了一个名为"lvm"的卷类型。

2. 在 OpenStack 平台控制节点，使用 Glance 命令，看现有的卷类型。创建一块带"lvm"标识，名为"type_test_demo"的云硬盘，最后使用命令查看所创建的云硬盘。

# 单元 7　OpenStack 的超融合

通过本单元的学习，使读者了解 Ceph 技术的特点和架构、超融合的起源与内涵，以及什么是超融合。培养读者掌握 Ceph 的安装与使用并与 OpenStack 平台进行集成，掌握 Ceph 集群基本使用命令的技能。培养读者对 Ceph 技术安装实践和迁移应用的能力。

## 7.1　OpenStack 超融合

### 1. Ceph 简介

Ceph 是一个统一的分布式存储系统，设计初衷是提供较好的性能，具有高可靠性和可扩展性。

Ceph 项目最早起源于 Sage 就读博士期间的工作（最早的成果于 2004 年发表），并随后贡献给开源社区。在经过了数年的发展之后，目前已得到众多云计算厂商的支持并被广泛应用。RedHat 及 OpenStack 都可与 Ceph 整合以支持虚拟机镜像的后端存储。

**构建超融合 OpenStack（Ceph）**

**构建 Ceph 分布式 存储系统**

### 2. Ceph 的特点

（1）高性能

① 摒弃了传统的集中式存储元数据寻址的方案，采用 CRUSH 算法，数据分布均衡，并行度高。

② 考虑了容灾域的隔离，能够实现各类负载的副本放置规则，例如，跨机房、机架感知等。

③ 能够支持上千个存储节点的规模，支持 TB 到 PB 级的数据。

（2）高可用性

① 副本数可以灵活控制。

② 支持故障域分隔，数据强一致性。

③ 多种故障场景自动进行修复自愈。

④ 没有单点故障，自动管理。

（3）高可扩展性

① 去中心化。

② 扩展灵活。

③ 随着节点增加而线性增长。

（4）特性丰富

① 支持三种存储接口，即块存储、文件存储、对象存储。

② 支持自定义接口，支持多种语言驱动。

### 3. 超融合的起源与内涵

随着云技术和虚拟化技术的发展，网络服务的构建有了新的思路和方案。2013 年的 VMware 大会上提出了 VSAN 技术，其主要概念是在虚拟化集群中安装闪存和硬盘来构造存储层。VSAN 技术配置具有足够磁盘插槽和存储控制器的 VSAN 主机，形成可扩展的分布式存储架构，生成易于管理的共享存储源。在 VSAN 技术的基础上诞生了超融合架构的概念。

超融合架构是新一代横向扩展的软件定义架构，它由整合了 CPU、内存、存储、网络和虚拟化软件平台的通用硬件单元组成，没有固定的中心节点。它的核心概念包括线性的横向扩展、计算能力和存储能力相融合、服务器端采用高速闪存作为存储介质。超融合架构打破了传统的服务器、网络和存储的孤立界线，实现一个统一的 HCI 形态。

### 4. 什么是超融合

超融合的"超"指"虚拟化"，"超融合"的英文为 Hyper-Converged。可以看到，超融合架构虽然有一个"超"字，但其并不是什么神秘的概念，也并非"超级"的意思，而是与英文 Hypervisor 中的 Hyper 相对应的，是虚拟化的意思，对应着虚拟化这一计算架构。

超融合架构最核心的改变是存储，而这一概念的最初推动者也都来自于互联网背景的存储初创厂商。其底层采用标准化的 X86 硬件平台，上层采用软件定义的方式，将计算、存储、网络等资源集成在一起，既简化了部署，又提高了运维效率，即超融合架构是受通过软件定义技术构建大规模数据中心的启发，结合虚拟化技术和企业 IT 的场景，为企业实现可扩展的 IT 基础架构。

"超融合架构"是指在同一套单元设备（X86 服务器）中不仅仅具备计算、网络、存储和服务器虚拟化等资源和技术，而且还包括缓存加速、重复数据删除、在线数据压缩、备份软件、快照技术等元素，而多节点可以通过网络聚合起来，实现模块化的无缝横向扩展（Scale-out），形成统一的资源池。

超融合可以理解为一种基于硬件之上、操作系统之下的中间件，是软件定义数据中心（SDDC）的架构，也是一种新兴的数据中心基础设施解决方案。超融合的技术核心是利用分布式文件系统（NDFS）来替代传统的 SAN 和 NAS 存储与昂贵的采用 SAN 交换机构建的存储网络，将虚拟化计算和存储高度整合到一个平台。目前业界普遍认为，软件定义的分布式存储层和虚拟化计算是超融合架构的最小集，一般都具有以下通用核心组件：

（1）基于 X86 服务器架构的分布式存储。在服务器虚拟化的基础上，通过部署存储虚拟设备的方式，对本地存储资源进行虚拟化，再经集群整合成资源池，为虚拟机提供存储服务。

（2）高速网络。超融合使用万兆以太网，为分布式计算和存储集群提供可扩展和高可用性的网络通道。

（3）统一管理平台。虚拟化计算和存储在同一个平台进行管理，管理员在同一套平台下进行性能、容量的监控及问题排查等运维工作。

通过超融合架构融合了计算、存储和网络等资源，创建一个整体化的资源池，从而实现存储的共享，并且通过存储的冗余功能，实现高可用性。

## 7.2 OpenStack 超融合案例

构建超融合 OpenStack

### 1. 规划节点

OpenStack 环境节点规划见表 7-1。

表 7-1  OpenStack 环境节点规划

| IP 地址 | 主机名 | 节点 |
| --- | --- | --- |
| 192.168.100.10 | controller | controller |
| 192.168.100.20 | compute | compute |

### 2. 基础准备

使用本地 PC 环境下由 VMware Workstation 软件启动的双台虚拟机来构建 OpenStack 平台环境，此案例在 OpenStack 环境中进行。

### 3. 配置 Yum 源

（1）上传软件包

将提供的 ceph.tar.gz 软件包上传至控制节点/opt/目录下，解压"ceph.tar.gz"压缩包，命令代码如下：

```
[root@controller opt]# tar -zxvf ceph.tar.gz
```

（2）配置 yum 源

在控制节点/etc/yum.repos.d/目录中创建一个 ceph.repo 文件，命令代码如下：

```
[ceph]
name=ceph
baseurl=file:///opt/ceph/
gpgcheck=0
enabled=1
```

在计算节点/etc/yum.repos.d/目录中创建一个 ceph.repo 文件，命令代码如下：

```
[ceph]
name=ceph
baseurl=ftp://controller/ceph
gpgcheck=0
enabled=1
```

#### 4. 安装 Ceph

**（1）安装 Ceph-deploy**

使用"yum install ceph-deploy"命令安装"Ceph-deploy"服务，命令代码如下：

```
[root@controller ~]# yum install ceph-deploy -y
......
已安装：
  ceph-deploy.noarch 0:2.0.1-0

完毕！
```

**（2）创建 Ceph 集群**

在 controller 节点上创建/opt/cephcluster 目录，用于存放集群配置文件。后续使用 Ceph-deploy 相关操作，全部在所创建的目录内执行，命令代码如下：

构建 Ceph 存储

```
[root@controller ~]# mkdir /opt/cephcluster
[root@controller ~]# cd /opt/cephcluster/
```

将规划的节点纳入 Ceph 集群中，使用"ceph-deploy new"命令创建集群，命令代码如下：

```
[root@controller cephcluster]# ceph-deploy new controller compute
[ceph_deploy.conf][DEBUG ] found configuration file at: /root/.cephdeploy.
conf
[ceph_deploy.cli][INFO  ] Invoked(2.0.1): /usr/bin/ceph-deploy new controller
compute
[ceph_deploy.cli][INFO  ] ceph-deploy options:
[ceph_deploy.cli][INFO  ] username                    : None
[ceph_deploy.cli][INFO  ] func                        : <function new at
0x7f1973a16758>
[ceph_deploy.cli][INFO  ] verbose                     : False
[ceph_deploy.cli][INFO  ] overwrite_conf              : False
[ceph_deploy.cli][INFO  ] quiet                       : False
[ceph_deploy.cli][INFO  ] cd_conf                     : <ceph_deploy.conf.
cephdeploy.Conf instance at 0x7f1973a397a0>
[ceph_deploy.cli][INFO  ] cluster                     : ceph
[ceph_deploy.cli][INFO  ] ssh_copykey                 : True
[ceph_deploy.cli][INFO  ] mon                         : ['controller',
'compute']
[ceph_deploy.cli][INFO  ] public_network              : None
[ceph_deploy.cli][INFO  ] ceph_conf                   : None
[ceph_deploy.cli][INFO  ] cluster_network             : None
[ceph_deploy.cli][INFO  ] default_release             : False
[ceph_deploy.cli][INFO  ] fsid                        : None
```

```
[ceph_deploy.new][DEBUG ] Creating new cluster named ceph
[ceph_deploy.new][INFO  ] making sure passwordless SSH succeeds
[controller][DEBUG ] connected to host: controller
[controller][DEBUG ] detect platform information from remote host
[controller][DEBUG ] detect machine type
[controller][DEBUG ] find the location of an executable
[controller][INFO  ] Running command: /usr/sbin/ip link show
[controller][INFO  ] Running command: /usr/sbin/ip addr show
[controller][DEBUG ] IP addresses found: [u'192.168.100.10', u'192.168.122.1']
[ceph_deploy.new][DEBUG ] Resolving host controller
[ceph_deploy.new][DEBUG ] Monitor controller at 192.168.100.10
[ceph_deploy.new][INFO  ] making sure passwordless SSH succeeds
[compute][DEBUG ] connected to host: controller
[compute][INFO  ] Running command: ssh -CT -o BatchMode=yes compute
[compute][DEBUG ] connected to host: compute
[compute][DEBUG ] detect platform information from remote host
[compute][DEBUG ] detect machine type
[compute][DEBUG ] find the location of an executable
[compute][INFO  ] Running command: /usr/sbin/ip link show
[compute][INFO  ] Running command: /usr/sbin/ip addr show
[compute][DEBUG ] IP addresses found: [u'192.168.100.20']
[ceph_deploy.new][DEBUG ] Resolving host compute
[ceph_deploy.new][DEBUG ] Monitor compute at 192.168.100.20
[ceph_deploy.new][DEBUG ] Monitor initial members are ['controller', 'compute']
[ceph_deploy.new][DEBUG ] Monitor addrs are ['192.168.100.10', '192.168.100.20']
[ceph_deploy.new][DEBUG ] Creating a random mon key...
[ceph_deploy.new][DEBUG ] Writing monitor keyring to ceph.mon.keyring...
[ceph_deploy.new][DEBUG ] Writing initial config to ceph.conf...
```

创建完集群后，在/opt/cephcluster 目录下生成集群配置文件，使用命令查看当前目录下的集群配置文件，命令代码如下：

```
[root@controller cephcluster]# ls
ceph.conf  ceph-deploy-ceph.log  ceph.log  ceph.mon.keyring
```

修改集群配置文件，添加 Ceph 数据网络信息。添加配置命令代码如下：

```
[root@controller cephcluster]# crudini --set /opt/cephcluster/ceph.conf global public\ network 192.168.100.0/24
[root@controller cephcluster]# crudini --set /opt/cephcluster/ceph.conf global cluster\ network 192.168.100.0/24
[root@controller cephcluster]# crudini --set /opt/cephcluster/ceph.conf global osd\ pool\ default\ size 2
[root@controller cephcluster]# crudini --set /opt/cephcluster/ceph.conf global mon_allow_pool_delete true
```

172

```
[root@controller cephcluster]# crudini --set /opt/cephcluster/ceph.conf
global mon_max_pg_per_osd 3000
```

（3）安装 Ceph 服务

在所有 Ceph 节点安装 Ceph 服务和其组件，在 controller 控制节点安装并查询 Ceph 版本信息，命令代码如下：

```
[root@controller ~]# yum install ceph-deploy ceph ceph-radosgw python-rbd
ceph-common
[root@controller ~]# ceph -v
ceph version 12.2.11(26dc3775efc7bb286a1d6d66faee0ba30ea23eee) luminous
(stable)
```

compute 计算节点安装命令并查询 ceph 版本信息如下所示：

```
[root@compute ~]# yum install ceph-deploy ceph ceph-radosgw python-rbd
ceph-common
[root@compute ~]# ceph -v
ceph version 12.2.11(26dc3775efc7bb286a1d6d66faee0ba30ea23eee) luminous
(stable)
```

（4）初始化 Ceph_mon

使用 ceph-deploy 命令在控制节点初始化 Monitor，命令代码如下：

```
[root@controller cephcluster]# ceph-deploy mon create-initial
[ceph_deploy.conf][DEBUG ] found configuration file at: /root/.cephdeploy.
conf
[ceph_deploy.cli][INFO ] Invoked(2.0.1): /usr/bin/ceph-deploy mon create-
initial
[ceph_deploy.cli][INFO ] ceph-deploy options:
[ceph_deploy.cli][INFO ]  username              : None
[ceph_deploy.cli][INFO ]  verbose               : False
[ceph_deploy.cli][INFO ]  overwrite_conf         : False
[ceph_deploy.cli][INFO ]  subcommand             : create-initial
[ceph_deploy.cli][INFO ]  quiet                 : False
[ceph_deploy.cli][INFO ]  cd_conf                : <ceph_deploy.conf.
cephdeploy.Conf instance at 0x7f25999d1440>
[ceph_deploy.cli][INFO ]  cluster                : ceph
[ceph_deploy.cli][INFO ]   func                    : <function mon at
0x7f259a262cf8>
[ceph_deploy.cli][INFO ]  ceph_conf              : None
[ceph_deploy.cli][INFO ]  default_release         : False
[ceph_deploy.cli][INFO ]  keyrings               : None
```

等待初始化完成后，可以在 cephcluster 目录中查看到新增加的秘钥文件（*.keyring），命令代码如下：

```
[root@controller cephcluster]# ls
ceph.bootstrap-mds.keyring  ceph.bootstrap-rgw.keyring  ceph-deploy-ceph.log
ceph.bootstrap-mgr.keyring  ceph.client.admin.keyring   ceph.log
ceph.bootstrap-osd.keyring  ceph.conf                   ceph.mon.keyring
```

使用命令查询 Ceph 服务状态，命令代码如下：

```
[root@controller cephcluster]# sudo systemctl status ceph-mon@controller
ceph-mon@controller.service - Ceph cluster monitor daemon
   Loaded:  loaded(/usr/lib/systemd/system/ceph-mon@.service;  enabled;
vendor preset: disabled)
   Active: active(running) since 二 2021-09-07 03:49:14 EDT; 3min 7s ago
  Main PID: 751693(ceph-mon)
   CGroup:
/system.slice/system-ceph\x2dmon.slice/ceph-mon@controller.service
           └─751693 /usr/bin/ceph-mon -f --cluster ceph --id controller
--setuser ceph --setgroup ceph


9月 07 03:49:14 controller systemd[1]: Started Ceph cluster monitor daemon.
```

（5）分发 Ceph.conf 与秘钥

分发 Ceph 配置文件与秘钥到其他控制节点与存储节点，需要注意分发节点本身也需要包含在内，默认没有秘钥文件，需要进行分发。使用 ceph-deploy 命令分发配置文件与秘钥，命令代码如下：

```
[root@controller cephcluster]# ceph-deploy admin controller compute
[ceph_deploy.conf][DEBUG ] found configuration file at: /root/.ccphdeploy.
conf
[ceph_deploy.cli][INFO ] Invoked(2.0.1): /usr/bin/ceph-deploy admin controller
compute
[ceph_deploy.cli][INFO ] ceph-deploy options:
[ceph_deploy.cli][INFO ]  username                     : None
[ceph_deploy.cli][INFO ]  verbose                      : False
[ceph_deploy.cli][INFO ]  overwrite_conf               : False
[ceph_deploy.cli][INFO ]  quiet                        : False
[ceph_deploy.cli][INFO ]  cd_conf                      : <ceph_deploy.conf.
cephdeploy.Conf instance at 0x7f8ddf8e3878>
[ceph_deploy.cli][INFO ]  cluster                      : ceph
[ceph_deploy.cli][INFO ]  client                       : ['controller',
'compute']
[ceph_deploy.cli][INFO ]  func                         : <function admin at
0x7f8de038ab18>
[ceph_deploy.cli][INFO ]  ceph_conf                    : None
[ceph_deploy.cli][INFO ]  default_release              : False
[ceph_deploy.admin][DEBUG ] Pushing admin keys and conf to controller
```

```
[controller][DEBUG ] connected to host: controller
[controller][DEBUG ] detect platform information from remote host
[controller][DEBUG ] detect machine type
[controller][DEBUG ] write cluster configuration to /etc/ceph/{cluster}.conf
[ceph_deploy.admin][DEBUG ] Pushing admin keys and conf to compute
[compute][DEBUG ] connected to host: compute
[compute][DEBUG ] detect platform information from remote host
[compute][DEBUG ] detect machine type
[compute][DEBUG ] write cluster configuration to /etc/ceph/{cluster}.conf
```

（6）安装 Ceph_mgr

在 Ceph 集群中安装 mgr 组件，在控制节点通过"ceph-deploy"命令安装 mgr，命令代码如下：

```
[root@controller cephcluster]# ceph-deploy mgr create controller:
controller_mgr compute:compute_mgr
[ceph_deploy.conf][DEBUG ] found configuration file at: /root/.cephdeploy.
conf
[ceph_deploy.cli][INFO ] Invoked(2.0.1): /usr/bin/ceph-deploy mgr create
controller:controller_mgr compute:compute_mgr
[ceph_deploy.cli][INFO ] ceph-deploy options:
[ceph_deploy.cli][INFO ]  username                 : None
[ceph_deploy.cli][INFO ]  verbose                  : False
[ceph_deploy.cli][INFO ]  mgr                      : [('controller',
'controller_mgr'),('compute', 'compute_mgr')]
[ceph_deploy.cli][INFO ]  overwrite_conf           : False
[ceph_deploy.cli][INFO ]  subcommand               : create
[ceph_deploy.cli][INFO ]  quiet                    : False
[ceph_deploy.cli][INFO ]  cd_conf                  : <ceph_deploy.conf.
cephdeploy.Conf instance at 0x7f776d554518>
[ceph_deploy.cli][INFO ]  cluster                  : ceph
[ceph_deploy.cli][INFO ]  func                     : <function mgr at
0x7f776ddcca28>
[ceph_deploy.cli][INFO ]  ceph_conf                : None
[ceph_deploy.cli][INFO ]  default_release          : False
```

在控制节点查询 controller 节点 mgr 服务状态，命令代码如下：

```
[root@controller cephcluster]# systemctl status ceph-mgr@controller_mgr
  ceph-mgr@controller_mgr.service - Ceph cluster manager daemon
   Loaded:   loaded(/usr/lib/systemd/system/ceph-mgr@.service;   enabled;
vendor preset: disabled)
   Active: active(running) since 二 2021-09-07 04:45:22 EDT; 45s ago
 Main PID: 899598(ceph-mgr)
   CGroup:
```

```
/system.slice/system-ceph\x2dmgr.slice/ceph-mgr@controller_mgr.service
        └─899598 /usr/bin/ceph-mgr -f --cluster ceph --id controller_mgr
--setuser ceph --setgroup ceph

    9月 07 04:45:22 controller systemd[1]: Started Ceph cluster manager daemon.
```

使用命令查询 mgr 服务所开放的端口号，命令代码如下：

```
[root@controller cephcluster]# sudo netstat -tunlp | grep mgr
    tcp       0      0 192.168.100.10:6800      0.0.0.0:*             LISTEN
899598/ceph-mgr
```

（7）启动 mgr

在控制节点使用命令查询 mgr 默认开启的服务，命令代码如下：

```
[root@controller cephcluster]# ceph mgr module ls
{
    "enabled_modules": [
        "balancer",
        "restful",
        "status"
    ],
    "disabled_modules": [
        "dashboard",
        "influx",
        "localpool",
        "prometheus",
        "selftest",
        "zabbix"
    ]
}
```

默认 Dashboard 服务在可开启列表中，但是并未启动，需要手动开启，通过命令在控制节点开启 Dashboard 服务，命令代码如下：

```
[root@controller cephcluster]# sudo ceph mgr module enable dashboard
```

Dashboard 服务已开启，默认监听节点地址为 TCP7000 端口，命令代码如下：

```
[root@controller cephcluster]# sudo netstat -tunlp | grep mgr
    tcp       0      0 192.168.100.10:6800      0.0.0.0:*             LISTEN
899598/ceph-mgr
    tcp6      0      0 :::7000                  :::*                  LISTEN
899598/ceph-mgr
```

（8）查看集群状态

通过命令查看 Monitor 状态，使用 Ceph 命令和反馈结果如下：

```
[root@controller cephcluster]# sudo ceph mon stat
```

```
e1: 2 mons at {compute=192.168.100.20:6789/0,controller=192.168.100.10:
6789/0}, election epoch 4, leader 0 controller, quorum 0,1 controller,compute
```

使用 ceph 命令查看 Ceph 状态，状态显示 mgr 处于 active-standby 模式，命令代码如下：

```
[root@controller cephcluster]# ceph -s
 cluster:
   id:     16acf712-ea71-4c6b-9f58-92314aaed834
   health: HEALTH_OK

 services:
   mon: 2 daemons, quorum controller,compute
   mgr: compute_mgr(active), standbys: controller_mgr
   osd: 0 osds: 0 up, 0 in

 data:
   pools:   0 pools, 0 pgs
   objects: 0 objects, 0B
   usage:   0B used, 0B / 0B avail
   pgs:
```

### 5. 创建 OSD 存储

（1）创建 OSD

OSD 位于存储节点，将 controller 和 compute 节点分别作为存储节点，查看 controller 节点中的磁盘情况，命令代码如下：

```
[root@controller cephcluster]# lsblk
NAME            MAJ: MIN RM  SIZE RO TYPE MOUNTPOINT
sda              8: 0    0   40G 0 disk
├─sda1           8: 1    0    1G 0 part /boot
└─sda2           8: 2    0   39G 0 part
  ├─centos-root 253: 0   0 35.1G 0 lvm  /
  └─centos-swap 253: 1   0  3.9G 0 lvm  [SWAP]
sdb              8: 16   0   20G 0 disk
sr0             11: 0    1  4.2G 0 rom
loop0            7: 0    0  4.2G 0 loop /opt/centos
loop1            7: 1    0  3.5G 0 loop /opt/iaas
```

在 controller 节点和 compute 节点中分别添加了一块大小为 20GB 空硬盘，创建 OSD 时通过管理节点使用 ceph-deploy 命令创建，使用 controller 节点 sdb 创建 OSD 存储，命令代码如下：

```
[root@controller cephcluster]# ceph-deploy osd create controller --data /
dev/sdb
……
[controller][DEBUG ] Running command: chown -R ceph:ceph /var/lib/ceph/osd/
```

```
ceph-0/keyring
    [controller][DEBUG ] Running command: chown -R ceph:ceph /var/lib/ceph/
osd/ceph-0/
    [controller][DEBUG ] Running command: /bin/ceph-osd --cluster ceph --osd-
objectstore bluestore --mkfs -i 0 --monmap /var/lib/ceph/osd/ceph-0/activate.
monmap --keyfile - --osd-data /var/lib/ceph/osd/ceph-0/ --osd-uuid 754d83c3-
835c-4280-bf11-a0328197033f --setuser ceph --setgroup ceph
    [controller][DEBUG ] --> ceph-volume lvm prepare successful for: /dev/sdb
    [controller][DEBUG ] Running command: chown -R ceph:ceph /var/lib/ceph/osd/
ceph-0
    [controller][DEBUG ] Running command: ceph-bluestore-tool --cluster=ceph
prime-osd-dir --dev /dev/ceph-4d03e9bc-810f-4ad9-97fb-7eea5b8ff69e/osd-block-
754d83c3-835c-4280-bf11-a0328197033f --path /var/lib/ceph/osd/ceph-0
    [controller][DEBUG ] Running command: ln -snf /dev/ceph-4d03e9bc-810f-4ad9-
97fb-7eea5b8ff69e/osd-block-754d83c3-835c-4280-bf11-a0328197033f /var/lib/ceph/
osd/ceph-0/block
    [controller][DEBUG ] Running command: chown -h ceph:ceph /var/lib/ceph/osd/
ceph-0/block
    [controller][DEBUG ] Running command: chown -R ceph:ceph /dev/dm-2
    [controller][DEBUG ] Running command: chown -R ceph:ceph /var/lib/ceph/osd/
ceph-0
    [controller][DEBUG ] Running command: systemctl enable ceph-volume@lvm-0-
754d83c3-835c-4280-bf11-a0328197033f
    [controller][DEBUG ]  stderr: Created symlink from /etc/systemd/system/
multi-user.target.wants/ceph-volume@lvm-0-754d83c3-835c-4280-bf11-a032819703
3f.service to /usr/lib/systemd/system/ceph-volume@.service.
    [controller][DEBUG ] Running command: systemctl enable --runtime ceph-osd@0
    [controller][DEBUG ]  stderr: Created symlink from /run/systemd/system/ceph-
osd.target.wants/ceph-osd@0.service                                  to
/usr/lib/systemd/system/ceph-osd@.service.
    [controller][DEBUG ] Running command: systemctl start ceph-osd@0
    [controller][DEBUG ] --> ceph-volume lvm activate successful for osd ID: 0
    [controller][DEBUG ] --> ceph-volume lvm create successful for: /dev/sdb
    [controller][INFO  ] checking OSD status...
    [controller][DEBUG ] find the location of an executable
    [controller][INFO  ] Running command: /bin/ceph --cluster=ceph osd stat --
format=json
    [ceph_deploy.osd][DEBUG ] Host controller is now ready for osd use.
```

使用 compute 节点 sdc 创建 OSD 存储，命令代码如下：

```
[root@controller cephcluster]# ceph-deploy osd create compute --data /dev/
sdc
    ......
    [compute][DEBUG ]  stdout: creating /var/lib/ceph/osd/ceph-1/keyring
```

```
[compute][DEBUG ] added entity osd.1 auth auth(auid = 18446744073709551615
key=AQD2LThhuTNJGRAARBaYsgEf+YnU/v2xa4NtEw== with 0 caps)
    [compute][DEBUG ] Running command: chown -R ceph:ceph /var/lib/ceph/osd/
ceph-1/keyring
    [compute][DEBUG ] Running command: chown -R ceph:ceph /var/lib/ceph/osd/
ceph-1/
    [compute][DEBUG ] Running command: /bin/ceph-osd --cluster ceph
--osd-objectstore bluestore --mkfs -i 1 --monmap /var/lib/ceph/osd/ceph-1/
activate.monmap --keyfile - --osd-data /var/lib/ceph/osd/ceph-1/ --osd-uuid
b50cf2e5-e8b8-47ec-ba7b-c8f470695a0e --setuser ceph --setgroup ceph
    [compute][DEBUG ] --> ceph-volume lvm prepare successful for: /dev/sdc
    [compute][DEBUG ] Running command: chown -R ceph:ceph /var/lib/ceph/osd/
ceph-1
    [compute][DEBUG ] Running command: ceph-bluestore-tool --cluster=ceph prime-
osd-dir --dev /dev/ceph-b9ef400b-4956-429a-b314-9cbf1f2511e5/osd-block-b50cf
2e5-e8b8-47ec-ba7b-c8f470695a0e --path /var/lib/ceph/osd/ceph-1
    [compute][DEBUG ] Running command: ln -snf /dev/ceph-b9ef400b-4956-429a-
b314-9cbf1f2511e5/osd-block-b50cf2e5-e8b8-47ec-ba7b-c8f470695a0e /var/lib/ceph/
osd/ceph-1/block
    [compute][DEBUG ] Running command: chown -h ceph:ceph /var/lib/ceph/osd/
ceph-1/block
    [compute][DEBUG ] Running command: chown -R ceph:ceph /dev/dm-8
    [compute][DEBUG ] Running command: chown -R ceph:ceph /var/lib/ceph/osd/
ceph-1
    [compute][DEBUG ] Running command: systemctl enable ceph-volume@lvm-1-b50
cf2e5-e8b8-47ec-ba7b-c8f470695a0e
    [compute][DEBUG ] stderr: Created symlink from /etc/systemd/system/multi-
user.target.wants/ceph-volume@lvm-1-b50cf2e5-e8b8-47ec-ba7b-c8f470695a0e.ser
vice to /usr/lib/systemd/system/ceph-volume@.service.
    [compute][DEBUG ] Running command: systemctl enable --runtime ceph-osd@1
    [compute][DEBUG ] stderr: Created symlink from /run/systemd/system/ceph-
osd.target.wants/ceph-osd@1.service to /usr/lib/systemd/system/ceph-osd@.service.
    [compute][DEBUG ] Running command: systemctl start ceph-osd@1
    [compute][DEBUG ] --> ceph-volume lvm activate successful for osd ID: 1
    [compute][DEBUG ] --> ceph-volume lvm create successful for: /dev/sdc
    [compute][INFO  ] checking OSD status...
    [compute][DEBUG ] find the location of an executable
    [compute][INFO  ] Running command: /bin/ceph --cluster=ceph osd stat --
format=json
    [ceph_deploy.osd][DEBUG ] Host compute is now ready for osd use.
```

（2）查看 OSD 状态

在控制节点查询 controller 节点 OSD 状态，命令代码如下：

```
[root@controller cephcluster]# ceph-deploy osd list controller
```

```
[controller][DEBUG ] ====== osd.0 =======
[controller][DEBUG ]
[controller][DEBUG ]   [block]    /dev/ceph-4d03e9bc-810f-4ad9-97fb-7eea5b
8ff69e/osd-block-754d83c3-835c-4280-bf11-a0328197033f
[controller][DEBUG ]
[controller][DEBUG ]       type                block
[controller][DEBUG ]       osd id              0
[controller][DEBUG ]       cluster fsid        16acf712-ea71-4c6b-9f58-
92314aaed834
[controller][DEBUG ]       cluster name        ceph
[controller][DEBUG ]       osd fsid            754d83c3-835c-4280-bf11-
a0328197033f
[controller][DEBUG ]       encrypted           0
[controller][DEBUG ]       cephx lockbox secret
[controller][DEBUG ]       block uuid          S0r662-bcyv-703z-rPCs-
DgQv-z4sb-W839ZT
[controller][DEBUG ]       block device        /dev/ceph-4d03e9bc-810f-
4ad9-97fb-7eea5b8ff69e/osd-block-754d83c3-835c-4280-bf11-a0328197033f
[controller][DEBUG ]       vdo                 0
[controller][DEBUG ]       crush device class  None
[controller][DEBUG ]       devices             /dev/sdb
```

在控制节点查询 compute 节点 OSD 状态，命令代码如下：

```
[root@controller cephcluster]# ceph-deploy osd list compute
[compute][DEBUG ] ====== osd.1 =======
[compute][DEBUG ]
[compute][DEBUG ]   [block]    /dev/ceph-b9ef400b-4956-429a-b314-9cbf1f2
511e5/osd-block-b50cf2e5-e8b8-47ec-ba7b-c8f470695a0e
[compute][DEBUG ]
[compute][DEBUG ]       type                block
[compute][DEBUG ]       osd id              1
[compute][DEBUG ]       cluster fsid        16acf712-ea71-4c6b-9f58-
92314aaed834
[compute][DEBUG ]       cluster name        ceph
[compute][DEBUG ]       osd fsid            b50cf2e5-e8b8-47ec-ba7b-
c8f470695a0e
[compute][DEBUG ]       encrypted           0
[compute][DEBUG ]       cephx lockbox secret
[compute][DEBUG ]       block uuid          hjgozb-OJOY-V9nc-6U0O-5VUn-
5XI1-2fwMod
[compute][DEBUG ]       block device        /dev/ceph-b9ef400b-4956-
429a-b314-9cbf1f2511e5/osd-block-b50cf2e5-e8b8-47ec-ba7b-c8f470695a0e
[compute][DEBUG ]       vdo                 0
[compute][DEBUG ]       crush device class  None
[compute][DEBUG ]       devices             /dev/sdc
```

在控制节点通过命令查询 OSD 状态信息，命令代码如下：

```
[root@controller cephcluster]# sudo ceph osd stat
2 osds: 2 up, 2 in
[root@controller cephcluster]# sudo ceph osd tree
ID CLASS WEIGHT  TYPE NAME          STATUS REWEIGHT PRI-AFF
-1      0.03897 root default
-5      0.01949     host compute
 1 hdd 0.01949         osd.1            up  1.00000 1.00000
-3      0.01949     host controller
 0 hdd 0.01949         osd.0            up  1.00000 1.00000
```

构建完 OSD 存储后，可在控制节点通过 sudo ceph 命令查询容器及使用情况，命令代码如下：

```
[root@controller cephcluster]# sudo ceph df
GLOBAL:
    SIZE      AVAIL     RAW USED    %RAW USED
    40.0GiB   38.0GiB   2.00GiB       5.01
POOLS:
    NAME    ID    USED    %USED    MAX AVAIL    OBJECTS
```

（3）创建 Pool

Ceph 默认使用 Pool 的形式存储数据，Pool 是对若干 pg 进行组织管理的逻辑划分，pg 里的对象被映射到不同的 OSD，因此 Pool 分布到整个集群里。

为了便于客户端数据区分管理，将不同的数据存入至不同的 Pool 中，分别为 Cinder、Nova 和 Glance 服务提供存储 Pool，命名为 volumes、vms、images。

```
[root@controller cephcluster]# sudo ceph osd pool create volumes 256
[root@controller cephcluster]# sudo ceph osd pool create vms 256
[root@controller cephcluster]# sudo ceph osd pool create images 256
```

在控制节点使用命令查询所创建的 Pool，命令代码如下：

```
[root@controller cephcluster]#  sudo ceph pg stat
768 pgs: 768 active+clean; 0B data, 2.00GiB used, 38.0GiB / 40.0GiB avail
[root@controller cephcluster]# sudo ceph osd lspools
1 volumes, 2 vms, 3 images,
```

可以在显示的信息中查看到所创建的 volumes、vms 和 images 三个 Pool。

（4）用户授权设置

在控制节点上分别为运行 Cinder-Volume 与 Glance-API 服务的节点创建 Client.glance 与 Client.cinder 用户并设置权限，用户创建并授权命令如下：

```
[root@controller cephcluster]# ceph auth get-or-create client.cinder mon
'allow r' osd 'allow class-read object_prefix rbd_children, allow rwx pool=
volumes, allow rwx pool=vms, allow rx pool=images'
```

```
[client.cinder]
        key = AQDXgjhhKms9FBAAC/sneuqD58xmmYOVhAtTIQ==
[root@controller cephcluster]# ceph auth get-or-create client.glance mon
'allow r' osd 'allow class-read object_prefix rbd_children, allow rwx pool=
images'
[client.glance]
        key = AQDbgjhhj0e+LBAA5/WCcPE5OvYcoYsp+qr3CQ==
```

将创建 client.glance 用户生成的秘钥推送到运行 Glance-API 服务的节点，同时修改秘钥文件的属主与用户组，命令代码如下：

```
[root@controller cephcluster]# ceph auth get-or-create client.glance | tee /
etc/ceph/ceph.client.glance.keyring
[client.glance]
        key = AQDbgjhhj0e+LBAA5/WCcPE5OvYcoYsp+qr3CQ==
[root@controller cephcluster]# chown glance:glance /etc/ceph/ceph.client.
glance.keyring
```

将创建 client.cinder 用户生成的秘钥推送到运行 Cinder-Volume 服务的节点，同时修改秘钥文件的属主与用户组，命令代码如下：

```
[root@controller cephcluster]#  ceph auth get-or-create client.cinder | ssh
root@compute tee /etc/ceph/ceph.client.cinder.keyring
[client.cinder]
        key = AQDXgjhhKms9FBAAC/sneuqD58xmmYOVhAtTIQ==
[root@controller cephcluster]# ssh root@compute chown cinder:cinder /etc/
ceph/ceph.client.cinder.keyring
```

（5）Libvirt 秘钥

Nova-Compute 所在节点需要将 client.cinder 用户的秘钥文件存储到 Libvirt 中。当基于 Ceph 后端的 Cinder 卷被附加到虚拟机实例时，Libvirt 需要用到该秘钥以访问 Ceph 集群。

在控制节点推送 client.cinder 秘钥文件，生成的文件是临时性的，将秘钥添加到 Libvirt 后可删除，命令代码如下：

```
[root@controller cephcluster]# ceph auth get-key client.cinder | ssh
root@compute tee /etc/ceph/client.cinder.key
AQDXgjhhKms9FBAAC/sneuqD58xmmYOVhAtTIQ==
```

首先在 compute 节点生成 uuid，命令代码如下：

```
[root@compute ~]# uuidgen
140496fa-4296-4b3a-b526-f02e1c9e0be2
```

在计算节点将秘钥加入 Libvirt，创建/etc/ceph/secret.xml 文件，uuid 为在 compute 节点查询的 UUID，添加以下内容：

```
<secret ephemeral='no' private='no'>
  <uuid>140496fa-4296-4b3a-b526-f02e1c9e0be2</uuid>
```

```
  <usage type='ceph'>
    <name>client.cinder secret</name>
  </usage>
</secret>
```

在 compute 节点使用 virsh 命令添加秘钥，命令代码如下：

```
[root@compute ~]# virsh secret-define --file /etc/ceph/secret.xml
生成 secret 140496fa-4296-4b3a-b526-f02e1c9e0be2
```

```
[root@compute ~]# virsh secret-set-value --secret 140496fa-4296-4b3a-b526-
f02e1c9e0be2 --base64 $(cat /etc/ceph/client.cinder.key)
secret 值设定
```

6. Glance 集成 Ceph

（1）修改配置文件

在 controller 节点修改 glance-api.conf 的配置文件，添加 Glance 集成 Ceph 代码，带有
"#" 号的代码需要进行注释，修改代码如下：

```
[root@controller ~]# vim /etc/glance/glance-api.conf
[DEFAULT]
show_image_direct_url = True
[glance_store]
#stores = file,http
#default_store = file
#filesystem_store_datadir = /var/lib/glance/images/
stores = rbd
default_store = rbd
rbd_store_chunk_size = 8
rbd_store_pool = images
#images 为 ceph rbd 存储名称
rbd_store_user = glance
#glance 为 ceph 创建的 glance 用户
rbd_store_ceph_conf = /etc/ceph/ceph.conf
```

修改完 glance-api.conf 配置文件后，重启 Glance 服务生效配置，命令如下：

```
[root@controller ~]# systemctl restart openstack-glance-api.service
[root@controller ~]# systemctl restart openstack-glance-registry.service
```

（2）上传镜像

修改完成配置文件后，此时上传的镜像文件将被存储至 Ceph 的 images 中，通过命令
上传本地镜像文件至 OpenStack 镜像服务中，命令代码如图 7-1 所示。

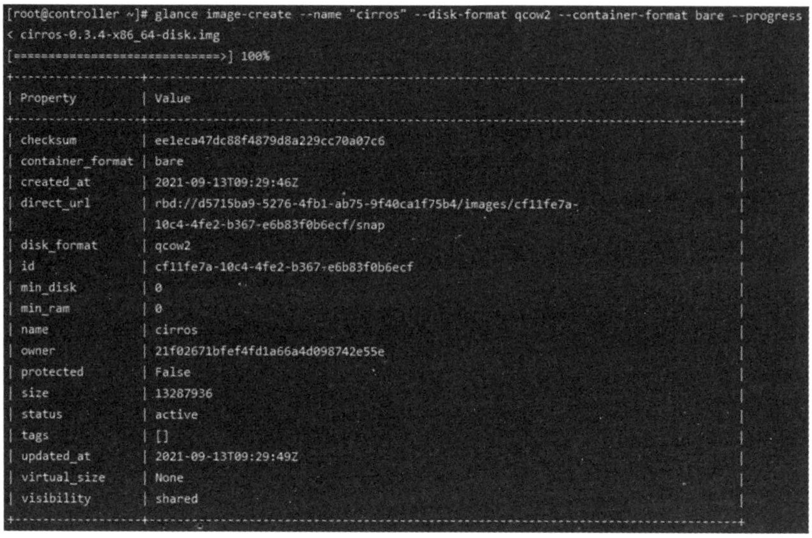

```
[root@controller ~]# glance image-create --name "cirros" --disk-format qcow2 --container-format bare --progress
< cirros-0.3.4-x86_64-disk.img
[=============================>] 100%
+------------------+----------------------------------------------------------------------+
| Property         | Value                                                                |
+------------------+----------------------------------------------------------------------+
| checksum         | ee1eca47dc88f4879d8a229cc70a07c6                                     |
| container_format | bare                                                                 |
| created_at       | 2021-09-13T09:29:46Z                                                 |
| direct_url       | rbd://d5715ba9-5276-4fb1-ab75-9f40ca1f75b4/images/cf11fe7a-          |
|                  | 10c4-4fe2-b367-e6b83f0b6ecf/snap                                     |
| disk_format      | qcow2                                                                |
| id               | cf11fe7a-10c4-4fe2-b367-e6b83f0b6ecf                                 |
| min_disk         | 0                                                                    |
| min_ram          | 0                                                                    |
| name             | cirros                                                               |
| owner            | 21f02671bfef4fd1a66a4d098742e55e                                     |
| protected        | False                                                                |
| size             | 13287936                                                             |
| status           | active                                                               |
| tags             | []                                                                   |
| updated_at       | 2021-09-13T09:29:49Z                                                 |
| virtual_size     | None                                                                 |
| visibility       | shared                                                               |
+------------------+----------------------------------------------------------------------+
```

图 7-1　上传镜像图

在上传的镜像信息中可以在 direct_url 标签中查看到存储镜像路径为 rbd，此时镜像存储在 Ceph 的 images 中。使用命令查询本地存储路径目录中是否存在上传的镜像文件，以及查看 Ceph images 中是否存在镜像文件，命令代码如下：

```
[root@controller ~]# glance image-list
+--------------------------------------+--------+
| ID                                   | Name   |
+--------------------------------------+--------+
| cf11fe7a-10c4-4fe2-b367-e6b83f0b6ecf | cirros |
+--------------------------------------+--------+
[root@controller ~]# ls /var/lib/glance/images/
[root@controller ~]# rbd ls images
cf11fe7a-10c4-4fe2-b367-e6b83f0b6ecf
```

（3）定义 Pool 类型

images 启用后，Ceph 集群状态变为 HEALTH_WARN，使用 ceph 命令查询集群状态，命令代码如下：

```
[root@controller ~]# ceph -s
  cluster:
    id:     d5715ba9-5276-4fb1-ab75-9f40ca1f75b4
    health: HEALTH_WARN
            application not enabled on 1 pool(s)

  services:
    mon: 2 daemons, quorum controller,compute
    mgr: controller_mgr(active), standbys: compute_mgr
    osd: 2 osds: 2 up, 2 in
```

```
data:
  pools:   3 pools, 768 pgs
  objects: 8 objects, 12.7MiB
  usage:   2.03GiB used, 38.0GiB / 40.0GiB avail
  pgs:     768 active+clean
```

通过 ceph 命令可以查询此问题的解决方法，未定义 Pool 池类型的可定义为 "cephfs" "rbd" "rgw"，使用命令查询代码如下：

```
[root@controller ~]# ceph health detail
HEALTH_WARN application not enabled on 1 pool(s)
POOL_APP_NOT_ENABLED application not enabled on 1 pool(s)
    application not enabled on pool 'images'
    use 'ceph osd pool application enable <pool-name> <app-name>', where
<app-name> is 'cephfs', 'rbd', 'rgw', or freeform for custom applications.
```

通过 ceph 命令定义 images、volumes、vms 三个 Pool 池类型，命令代码如下：

```
[root@controller ~]# ceph osd pool application enable images rbd
enabled application 'rbd' on pool 'images'
[root@controller ~]# ceph osd pool application enable volumes rbd
enabled application 'rbd' on pool 'volumes'
[root@controller ~]# ceph osd pool application enable vms rbd
enabled application 'rbd' on pool 'vms'
```

定义后通过命令查询当前集群状态信息，命令代码如下：

```
[root@controller ~]# ceph health detail
HEALTH_OK
[root@controller ~]# ceph osd pool application get images
{
    "rbd": {}
}
[root@controller ~]# ceph osd pool application get volumes
{
    "rbd": {}
}
[root@controller ~]# ceph osd pool application get vms
{
    "rbd": {}
}
```

7. Cinder 集成 Ceph

（1）修改配置文件

Cinder 利用插件式结构，支持同时使用多种后端存储，在 compute 节点修改 cinder.conf 的配置文件，添加对接 Ceph 的 rbd 驱动代码，代码修改如下：

```
[root@compute ~]# vim /etc/cinder/cinder.conf
[DEFAULT]
enabled_backends = ceph
[ceph]
volume_driver = cinder.volume.drivers.rbd.RBDDriver
rbd_pool = volumes
#volumes 为 ceph pool 池
rbd_ceph_conf = /etc/ceph/ceph.conf
rbd_flatten_volume_from_snapshot = false
rbd_max_clone_depth = 5
rbd_store_chunk_size = 4
rados_connect_timeout = -1
rbd_user = cinder
rbd_secret_uuid = 140496fa-4296-4b3a-b526-f02e1c9e0be2
#uuid 为 compute 节点查询的 uuidgen
volume_backend_name = ceph
```

修改完配置文件后通过命令重启 Cinder 服务，命令代码如下：

```
[root@compute ~]# systemctl restart openstack-cinder-volume.service target.service
```

（2）验证 Cinder 状态

在 controller 节点使用命令查询 Cinder 服务状态，Cinder-Volume 集成 Ceph 后状态为 UP，命令代码如下：

```
[root@controller ~]# openstack volume service list
+------------------+-------------+------+---------+-------+---------------------------+
| Binary           | Host        | Zone | Status  | State | Updated At                |
+------------------+-------------+------+---------+-------+---------------------------+
| cinder-volume    | compute@lvm | nova | enabled | up    | 2021-09-17T03:25:30.000000 |
| cinder-scheduler | controller  | nova | enabled | up    | 2021-09-17T03:25:32.000000 |
+------------------+-------------+------+---------+-------+---------------------------+
```

（3）创建 Volume

在 controller 节点创建名称为"ceph-volume"，大小为 1GB，命令代码如下：

```
[root@controller ~]# cinder create  --name ceph-volume1 1
+---------------------------------+--------------------------------------+
| Property                        | Value                                |
+---------------------------------+--------------------------------------+
```

```
| attachments                    | []                                     |
| availability_zone              | nova                                   |
| bootable                       | false                                  |
| consistencygroup_id            | None                                   |
| created_at                     | 2021-09-17T08:55:07.000000             |
| description                    | None                                   |
| encrypted                      | False                                  |
| id                             | 14ba3221-8ea3-42ee-be4b-a9cca3057b54   |
| metadata                       | {}                                     |
| migration_status               | None                                   |
| multiattach                    | False                                  |
| name                           | ceph-volume1                           |
| os-vol-host-attr:host          | None                                   |
| os-vol-mig-status-attr:migstat | None                                   |
| os-vol-mig-status-attr:name_id | None                                   |
| os-vol-tenant-attr:tenant_id   | 21f02671bfef4fd1a66a4d098742e55e       |
| replication_status             | None                                   |
| size                           | 1                                      |
| snapshot_id                    | None                                   |
| source_volid                   | None                                   |
| status                         | creating                               |
| updated_at                     | None                                   |
| user_id                        | 012da34896404d2d9512ad031b5581ca       |
| volume_type                    | None                                   |
+--------------------------------+----------------------------------------+
```

（4）查看 Volume

在 controller 节点使用 OpenStack 命令查询 Volume 状态信息，命令代码如下：

```
[root@controller ~]#  openstack volume list
+--------------------------------------+--------------+-----------+------+-------------+
| ID                                   | Name         | Status    | Size | Attached to |
+--------------------------------------+--------------+-----------+------+-------------+
| 14ba3221-8ea3-42ee-be4b-a9cca3057b54 | ceph-volume1 | available |    1 |             |
+--------------------------------------+--------------+-----------+------+-------------+
```

使用命令检查 Ceph 集群的 volumes pool 是否存储 Volume，命令代码如下：

```
[root@controller ~]# rbd ls volumes
volume-14ba3221-8ea3-42ee-be4b-a9cca3057b54
```

### 8. Nova 集成 Ceph

**（1）修改配置文件**

需要从 Ceph rbd 中启动虚拟机，必须将 Ceph 配置为 Nova 的临时后端，在 compute 节点修改/etc/ceph/ceph.conf 配置文件，添加代码如下：

```
[root@compute ~]# vim /etc/ceph/ceph.conf
[client]
rbd cache = true
rbd cache writethrough until flush = true
admin socket = /var/run/ceph/guests/$cluster-$type.$id.$pid.$cctid.asok
log file = /var/log/qemu/qemu-guest-$pid.log
rbd concurrent management ops = 20
[client.cinder]
keyring = /etc/ceph/ceph.client.cinder.keyring
```

创建 ceph.conf 文件中指定的 socker 与 log 相关的目录，并更改属主，命令代码如下：

```
[root@compute ~]# mkdir -p /var/run/ceph/guests/ /var/log/qemu/
[root@compute ~]# chown qemu:libvirt /var/run/ceph/guests/ /var/log/qemu/
```

在计算节点配置 Nova 后端使用 Ceph 集群的 vms 池，修改/etc/nova/nova.conf 配置文件，修改代码如下：

```
[root@compute ~]# vim /etc/nova/nova.conf
images_type = rbd
images_rbd_pool = vms
images_rbd_ceph_conf = /etc/ceph/ceph.conf
rbd_user = cinder
rbd_secret_uuid = 140496fa-4296-4b3a-b526-f02e1c9e0be2
disk_cachemodes="network=writeback"
live_migration_flag="VIR_MIGRATE_UNDEFINE_SOURCE,VIR_MIGRATE_PEER2PEER,V
IR_MIGRATE_LIVE,VIR_MIGRATE_PERSIST_DEST,VIR_MIGRATE_TUNNELLED"
inject_password = false
inject_key = false
inject_partition = -2
hw_disk_discard = unmap
```

修改完配置文件后重启计算服务，查询服务状态，命令代码如下：

```
[root@compute ~]# systemctl restart libvirtd.service openstack-nova-compute.
service
[root@compute ~]# systemctl status libvirtd.service openstack-nova-compute.
service
● libvirtd.service - Virtualization daemon
  Loaded: loaded(/usr/lib/systemd/system/libvirtd.service; enabled; vendor
preset: enabled)
```

```
      Active: active(running) since 五 2021-09-17 22:54:05 EDT; 3min 7s ago
        Docs: man:libvirtd(8)
              https://libvirt.org
    Main PID: 1680353(libvirtd)
       Tasks: 17(limit: 32768)
      CGroup: /system.slice/libvirtd.service
              └─1680353 /usr/sbin/libvirtd


9 月 17 22:54:03 compute systemd[1]: Starting Virtualization daemon...
9 月 17 22:54:05 compute systemd[1]: Started Virtualization daemon.
```

● openstack-nova-compute.service - OpenStack Nova Compute Server

```
      Loaded: loaded(/usr/lib/systemd/system/openstack-nova-compute.service;
enabled; vendor preset: disabled)
      Active: active(running) since 五 2021-09-17 22:54:23 EDT; 2min 49s ago
    Main PID: 1680440(nova-compute)
       Tasks: 22
      CGroup: /system.slice/openstack-nova-compute.service
              └─1680440 /usr/bin/python2 /usr/bin/nova-compute


9 月 17 22:54:05 compute systemd[1]: Starting OpenStack Nova Compute Server...
9 月 17 22:54:23 compute systemd[1]: Started OpenStack Nova Compute Server.
```

（2）配置 Live-migration

在计算节点对 libvirtd.conf 文件进行修改，修改监听地址为计算节点 IP 地址，取消认证，命令代码如下：

```
[root@compute ~]# sed -i -e "s/#listen_tls.*/listen_tls = 0/g" \
-e "s/#listen_tcp.*/listen_tcp = 1/g" \
-e "s/#tcp_port.*/tcp_port = \"16509\"/g" \
-e "s/#listen_addr .*/listen_addr = \"192.168.100.20\"/g" \
-e "s/#auth_tcp.*/auth_tcp = \"none\"/g" /etc/libvirt/libvirtd.conf
```

在计算节点修改 Libvirtd 配置文件，开启 Libvirtd 的 TCP 监控，修改代码命令如下：

```
[root@compute ~]# sed -i -e "s/#LIBVIRTD_ARGS.*/LIBVIRTD_ARGS = \"--listen\"/
g" /etc/sysconfig/libvirtd
```

修改完成配置文件后，使用命令重启服务，命令代码如下：

```
[root@compute  ~]#  systemctl  restart  libvirtd.service  openstack-nova-
compute.service
```

重启后查看计算节点 Libvirtd 的监听地址，命令代码如下：

```
[root@compute ~]# netstat -tunlp | grep 16509
tcp        0      0 192.168.100.20:16509    0.0.0.0:*                    LISTEN
```

1712295/libvirtd

（3）创建基于 Ceph 存储的 Bootable 存储卷

当 Nova 从 rbd 启动 instance 时，镜像格式必须是 raw 格式，首先将镜像进行格式转换，将 img 文件转换为 raw 文件，命令代码如下：

```
[root@controller ~]# qemu-img convert -f qcow2 -O raw cirros-0.3.4-x86_64-
disk.img cirros-0.3.4-x86_64-disk.raw
```

将 raw 格式镜像上传至 OpenStack 镜像服务中，命令代码如下：

```
[root@controller ~]# openstack image create "cirros-raw" --file
cirros-0.3.4-x86_64-disk.raw --disk-format raw --container-format bare --public
+------------------+----------------------------------------------------------+
| Field            | Value                                                    |
+------------------+----------------------------------------------------------+
| checksum         | 56730d3091a764d5f8b38feeef0bfcef                         |
| container_format | bare                                                     |
| created_at       | 2021-09-18T06:57:11Z                                     |
| disk_format      | raw                                                      |
| file             | /v2/images/3c32de0d-9f69-459a-81f1-8cbdc4a59e95/file     |
| id               | 3c32de0d-9f69-459a-81f1-8cbdc4a59e95                     |
| min_disk         | 0                                                        |
| min_ram          | 0                                                        |
| name             | cirros-raw                                               |
| owner            | 21f02671bfef4fd1a66a4d098742e55e                         |
| properties       | direct_url='rbd://d5715ba9-5276-4fb1-ab75-9f40ca1f75
b4/images/3c32de0d-9f69-459a-81f1-8cbdc4a59e95/snap' |
| protected        | False                                                    |
| schema           | /v2/schemas/image                                        |
| size             | 41126400                                                 |
| status           | active                                                   |
| tags             |                                                          |
| updated_at       | 2021-09-18T06:57:15Z                                     |
| virtual_size     | None                                                     |
| visibility       | public                                                   |
+------------------+----------------------------------------------------------+
```

使用新镜像创建 Bootable 卷，名称为 ceph-bootable1，大小为 2GB。命令代码如下：

```
[root@controller ~]# cinder create --image-id 3c32de0d-9f69-459a-81f1-
8cbdc4a59e95 --name ceph-bootable1 2
+--------------------------------+--------------------------------------+
```

```
| Property                        | Value                                    |
+---------------------------------+------------------------------------------+
| attachments                     | []                                       |
| availability_zone               | nova                                     |
| bootable                        | false                                    |
| consistencygroup_id             | None                                     |
| created_at                      | 2021-09-18T07:55:20.000000               |
| description                     | None                                     |
| encrypted                       | False                                    |
| id                              | 99c2a674-6e5b-4823-937a-f63df1571a5c     |
| metadata                        | {}                                       |
| migration_status                | None                                     |
| multiattach                     | False                                    |
| name                            | ceph-bootable1                           |
| os-vol-host-attr:host           | None                                     |
| os-vol-mig-status-attr:migstat  | None                                     |
| os-vol-mig-status-attr:name_id  | None                                     |
| os-vol-tenant-attr:tenant_id    | 21f02671bfef4fd1a66a4d098742e55e         |
| replication_status              | None                                     |
| size                            | 2                                        |
| snapshot_id                     | None                                     |
| source_volid                    | None                                     |
| status                          | creating                                 |
| updated_at                      | None                                     |
| user_id                         | 012da34896404d2d9512ad031b5581ca         |
| volume_type                     | None                                     |
+---------------------------------+------------------------------------------+
```

使用 cinder 命令查询 Volume 卷信息，可以查看所创建的 ceph-bootable1 卷，Bootable 状态为 true，命令代码如下：

```
[root@controller ~]# cinder list
+--------------------------------------+-----------+----------------+------+-------------+----------+-------------+
| ID                                   | Status    | Name           | Size | Volume Type | Bootable | Attached to |
+--------------------------------------+-----------+----------------+------+-------------+----------+-------------+
| 14ba3221-8ea3-42ee-be4b-a9cca3057b54 | available | ceph-volume1   | 1    | -           | false    |             |
| 99c2a674-6e5b-4823-937a-f63df1571a5c | available | ceph-bootable1 | 2    | -           | true     |             |
+--------------------------------------+-----------+----------------+------+-------------+----------+-------------+
[root@controller ~]#
```

从基于 Ceph 后端的 Volumes 新建实例，使用--boot-volume 参数指定具有 Bootable 属性的卷，启动后实例运行在 Volumes 卷中。通过 Nova 命令启动实例，命令代码如下：

```
[root@controller    ~]#   nova   boot   --flavor   centos   --boot-volume
99c2a674-6e5b-4823-937a-f63df1571a5c                                --nic
net-id=31810bbd-5658-47ab-a898-639e66187576    --security-group    default
cirros-cephvolumes-instance1
    +-------------------------------------+-------------------------------
----------------+
    | Property                            | Value                         |
    +-------------------------------------+-------------------------------
----------------+
    | OS-DCF:diskConfig                   | MANUAL                        |
    | OS-EXT-AZ:availability_zone         |                               |
    | OS-EXT-SRV-ATTR:host                | -                             |
    | OS-EXT-SRV-ATTR:hostname            | cirros-cephvolumes-instance1  |
    | OS-EXT-SRV-ATTR:hypervisor_hostname | -                             |
    | OS-EXT-SRV-ATTR:instance_name       |                               |
    | OS-EXT-SRV-ATTR:kernel_id           |                               |
    | OS-EXT-SRV-ATTR:launch_index        | 0                             |
    | OS-EXT-SRV-ATTR:ramdisk_id          |                               |
    | OS-EXT-SRV-ATTR:reservation_id      | r-ajokx01v                    |
    | OS-EXT-SRV-ATTR:root_device_name    | -                             |
    | OS-EXT-SRV-ATTR:user_data           | -                             |
    | OS-EXT-STS:power_state              | 0                             |
    | OS-EXT-STS:task_state               | scheduling                    |
    | OS-EXT-STS:vm_state                 | building                      |
    | OS-SRV-USG:launched_at              | -                             |
    | OS-SRV-USG:terminated_at            | -                             |
    | accessIPv4                          |                               |
    | accessIPv6                          |                               |
    | adminPass                           | nXAiS2d6VAUQ                  |
    | config_drive                        |                               |
    | created                             | 2021-09-22T08:20:25Z          |
    | description                         | -                             |
    | flavor:disk                         | 2                             |
    | flavor:ephemeral                    | 0                             |
    | flavor:extra_specs                  | {}                            |
    | flavor:original_name                | centos                        |
    | flavor:ram                          | 1024                          |
    | flavor:swap                         | 0                             |
    | flavor:vcpus                        | 2                             |
    | hostId                              |                               |
    | host_status                         |                               |
```

```
| id                                 | 602a9723-3209-4e7f-9fc4-82fcd3539af4 |
| image                              | Attempt to boot from volume - no image
supplied |
| key_name                           | -                                    |
| locked                             | False                                |
| metadata                           | {}                                   |
| name                               | cirros-cephvolumes-instance1         |
| os-extended-volumes:volumes_attached | []                                 |
| progress                           | 0                                    |
| security_groups                    | default                              |
| status                             | BUILD                                |
| tags                               | []                                   |
| tenant_id                          | 21f02671bfef4fd1a66a4d098742e55e     |
| updated                            | 2021-09-22T08:20:25Z                 |
| user_id                            | 012da34896404d2d9512ad031b5581ca     |
+------------------------------------+--------------------------------------
----------------+
```

在 controller 节点使用命令查询虚拟机列表信息，查看所创建的虚拟机状态，命令代码如下：

```
[root@controller ~]# nova list
+--------------------------------------+-----------------------------+-
-------+------------+-------------+------------------------------+
| ID                                   | Name                        | Status | Task
State | Power State | Networks                       |
+--------------------------------------+-----------------------------+-
-------+------------+-------------+------------------------------+
| 602a9723-3209-4e7f-9fc4-82fcd3539af4 | cirros-cephvolumes-instance1 |
ACTIVE | -          | Running     | network-flat=192.168.200.110 |
+--------------------------------------+-----------------------------+-
-------+------------+-------------+------------------------------+
```

在 Ceph 控制节点通过 rbd 命令查询虚拟机所创建的 Pool 池资源。通过 Bootable 存储卷启动的虚拟机，虚拟机文件将存储至 volumes pool 池中，命令代码如下：

```
[root@controller ~]# rbd ls vms
[root@controller ~]# rbd ls volumes
volume-14ba3221-8ea3-42ee-be4b-a9cca3057b54
volume-99c2a674-6e5b-4823-937a-f63df1571a5c
```

（4）从 Ceph rbd 启动虚拟机

在控制节点使用命令启动虚拟机，将虚拟机存储于 Ceph 的 vms pool 池中，它不同于使用 Bootable 存储卷虚拟机存储于 volumes pool 池中。使用命令启动虚拟机，命令代码如下：

```
[root@controller ~]# nova boot --flavor centos --image cirros-raw --nic
```

net-id=31810bbd-5658-47ab-a898-639e66187576 cirros-cephrbd-instance2

```
+--------------------------------+-----------------------------------------------+
| Property                       | Value                                         |
+--------------------------------+-----------------------------------------------+
| OS-DCF:diskConfig              | MANUAL                                        |
| OS-EXT-AZ:availability_zone    |                                               |
| OS-EXT-SRV-ATTR:host           | -                                             |
| OS-EXT-SRV-ATTR:hostname       | cirros-cephrbd-instance2                      |
| OS-EXT-SRV-ATTR:hypervisor_hostname | -                                        |
| OS-EXT-SRV-ATTR:instance_name  |                                               |
| OS-EXT-SRV-ATTR:kernel_id      |                                               |
| OS-EXT-SRV-ATTR:launch_index   | 0                                             |
| OS-EXT-SRV-ATTR:ramdisk_id     |                                               |
| OS-EXT-SRV-ATTR:reservation_id | r-37j6x44d                                    |
| OS-EXT-SRV-ATTR:root_device_name | -                                           |
| OS-EXT-SRV-ATTR:user_data      | -                                             |
| OS-EXT-STS:power_state         | 0                                             |
| OS-EXT-STS:task_state          | scheduling                                    |
| OS-EXT-STS:vm_state            | building                                      |
| OS-SRV-USG:launched_at         | -                                             |
| OS-SRV-USG:terminated_at       | -                                             |
| accessIPv4                     |                                               |
| accessIPv6                     |                                               |
| adminPass                      | oCDRnzaGyC42                                  |
| config_drive                   |                                               |
| created                        | 2021-09-22T10:08:30Z                          |
| description                    | -                                             |
| flavor:disk                    | 2                                             |
| flavor:ephemeral               | 0                                             |
| flavor:extra_specs             | {}                                            |
| flavor:original_name           | centos                                        |
| flavor:ram                     | 1024                                          |
| flavor:swap                    | 0                                             |
| flavor:vcpus                   | 2                                             |
| hostId                         |                                               |
| host_status                    |                                               |
| id                             | 6159b566-42b9-42fc-9e5a-6d6198c96bc2          |
| image                          | cirros-raw(3c32de0d-9f69-459a-81f1-8cbdc4a59e95) |
| key_name                       | -                                             |
| locked                         | False                                         |
| metadata                       | {}                                            |
```

```
| name                              | cirros-cephrbd-instance2         |
| os-extended-volumes:volumes_attached | []                            |
| progress                          | 0                                |
| security_groups                   | default                          |
| status                            | BUILD                            |
| tags                              | []                               |
| tenant_id                         | 21f02671bfef4fd1a66a4d098742e55e |
| updated                           | 2021-09-22T10:08:30Z             |
| user_id                           | 012da34896404d2d9512ad031b5581ca |
+-----------------------------------+----------------------------------+
```

在控制节点中使用命令查询虚拟机信息列表，查看所创建虚拟机状态信息，命令代码如下：

```
[root@controller ~]# nova list
+--------------------------------------+---------------------------+--------+------------+-------------+------------------------------+
| ID                                   | Name                      | Status | Task State | Power State | Networks                     |
+--------------------------------------+---------------------------+--------+------------+-------------+------------------------------+
| 6159b566-42b9-42fc-9e5a-6d6198c96bc2 | cirros-cephrbd-instance2  | ACTIVE | -          | Running     | network-flat=192.168.200.102 |
| 602a9723-3209-4e7f-9fc4-82fcd3539af4 | cirros-cephvolumes-instance1 | ACTIVE | -       | Running     | network-flat=192.168.200.110 |
+--------------------------------------+---------------------------+--------+------------+-------------+------------------------------+
```

在控制节点使用 rbd 命令查询 vms pool 池中是否存储所创建的虚拟机 cirros-cephrbd-instance2 的磁盘信息，命令代码如下：

```
[root@controller ~]# rbd ls vms
6159b566-42b9-42fc-9e5a-6d6198c96bc2_disk
```

9. 虚拟机热迁移

（1）添加计算节点

当后台使用公共存储 Ceph 时，可以对虚拟机进行热迁移操作，需要对 OpenStack 集群添加一台计算节点，将控制节点添加至计算节点中，修改控制节点环境变量，命令代码如下：

```
[root@controller ~]# vim /etc/xiandian/openrc.sh
HOST_IP_NODE=192.168.100.10
HOST_PASS_NODE=000000
HOST_NAME_NODE=controller
```

在控制节点安装计算节点服务，执行命令代码如下：

```
[root@controller ~]# iaas-install-nova-compute.sh
```

（2）添加用户授权

将创建 client.cinder 用户生成的秘钥推送到运行 Cinder-Volume 服务的节点，同时修改秘钥文件的属主与用户组，命令代码如下：

```
[root@controller cephcluster]# ceph auth get-or-create client.cinder | tee /
etc/ceph/ceph.client.cinder.keyring
[client.cinder]
        key = AQDXgjhhKms9FBAAC/sneuqD58xmmYOVhAtTIQ==
[root@controller cephcluster]# chown cinder:cinder /etc/ceph/ceph.client.
cinder.keyring
```

（3）Libvirt 秘钥

在管理节点推送 client.cinder 秘钥文件，生成的文件是临时性的，将秘钥添加到 Libvirt 后可删除，命令代码如下：

```
[root@controller cephcluster]# ceph auth get-key client.cinder | tee /etc/
ceph/client.cinder.key
AQDXgjhhKms9FBAAC/sneuqD58xmmYOVhAtTIQ==
```

在控制节点将秘钥加入 Libvirt，创建/etc/ceph/secret.xml 文件，uuid 为在 compute 节点查询的 UUID，添加以下内容：

```
<secret ephemeral='no' private='no'>
  <uuid>140496fa-4296-4b3a-b526-f02e1c9e0be2</uuid>
  <usage type='ceph'>
    <name>client.cinder secret</name>
  </usage>
</secret>
```

在 controller 节点使用 virsh 命令添加秘钥，命令代码如下：

```
[root@controller ~]# virsh secret-define --file /etc/ceph/secret.xml
生成 secret 140496fa-4296-4b3a-b526-f02e1c9e0be2

[root@controller ~]# virsh secret-set-value --secret 140496fa-4296-4b3a-
b526-f02e1c9e0be2  --base64 $(cat /etc/ceph/client.cinder.key)
secret 值设定
```

（4）修改控制节点 Nova 集成 Ceph

修改/etc/ceph/ceph.conf 配置文件，添加 Ceph 为 Nova 的临时后端代码，代码命令如下：

```
[root@controller ~]# vim /etc/ceph/ceph.conf
[client]
rbd cache = true
rbd cache writethrough until flush = true
admin socket = /var/run/ceph/guests/$cluster-$type.$id.$pid.$cctid.asok
```

```
log file = /var/log/qemu/qemu-guest-$pid.log
rbd concurrent management ops = 20
[client.cinder]
keyring = /etc/ceph/ceph.client.cinder.keyring
```

创建 ceph.conf 文件中指定的 Socker 与 Log 相关的目录，并更改属主，命令代码如下：

```
[root@controller ~]# mkdir -p /var/run/ceph/guests/ /var/log/qemu/
[root@controller ~]# chown qemu:libvirt /var/run/ceph/guests/ /var/log/qemu/
```

在控制节点配置 Nova 后端使用 Ceph 集群的 vms 池，修改 /etc/nova/nova.conf 配置文件，修改代码如下：

```
[root@controller ~]# vim /etc/nova/nova.conf
images_type = rbd
images_rbd_pool = vms
images_rbd_ceph_conf = /etc/ceph/ceph.conf
rbd_user = cinder
rbd_secret_uuid = 140496fa-4296-4b3a-b526-f02e1c9e0be2
disk_cachemodes="network=writeback"
live_migration_flag="VIR_MIGRATE_UNDEFINE_SOURCE,VIR_MIGRATE_PEER2PEER,V
IR_MIGRATE_LIVE,VIR_MIGRATE_PERSIST_DEST,VIR_MIGRATE_TUNNELLED"
inject_password = false
inject_key = false
inject_partition = -2
hw_disk_discard = unmap
```

修改完配置文件后重启计算服务，查询服务状态，命令代码如下：

```
[root@controller ~]# systemctl restart libvirtd.service openstack-nova-
compute.service
[root@controller ~]# systemctl status libvirtd.service openstack-nova-
compute.service
```

在控制节点对 libvirtd.conf 文件进行修改，修改监听地址为控制节点 IP 地址，取消认证，命令代码如下：

```
[root@controller ~]# sed -i -e "s/#listen_tls.*/listen_tls = 0/g" \
-e "s/#listen_tcp.*/listen_tcp = 1/g" \
-e "s/#tcp_port.*/tcp_port = \"16509\"/g" \
-e "s/#listen_addr .*/listen_addr = \"192.168.100.10\"/g" \
-e "s/#auth_tcp.*/auth_tcp = \"none\"/g" /etc/libvirt/libvirtd.conf
```

在控制节点修改 libvirtd 配置文件，开启 Libvirtd 的 TCP 监控，修改代码命令如下：

```
[root@controller ~]# sed -i -e "s/#LIBVIRTD_ARGS.*/LIBVIRTD_ARGS = \"-listen
\"/g" /etc/sysconfig/libvirtd
```

修改完成配置文件后，使用命令重启服务，命令代码如下：

```
[root@controller ~]# systemctl restart libvirtd.service openstack-nova-
compute.service
```

重启后查看控制节点 Libvirtd 的监听地址，命令代码如下：

```
[root@controller ~]# netstat -tunlp | grep 16509
tcp       0    0 192.168.100.10:16509    0.0.0.0:*          LISTEN
270109/libvirtd
```

（5）查询虚拟机信息

使用命令查询当前 service 节点信息，可以查看到控制节点已经作为计算节点存在于集群中，命令代码如下：

```
[root@controller ~]# openstack compute service list
+----+------------------+------------+----------+---------+-------+------------------------------+
| ID | Binary           | Host       | Zone     | Status  | State | Updated At                   |
+----+------------------+------------+----------+---------+-------+------------------------------+
| 1  | nova-consoleauth | controller | internal | enabled | up    | 2021-09-23T02:31:38.000000   |
| 2  | nova-conductor   | controller | internal | enabled | up    | 2021-09-23T02:31:42.000000   |
| 4  | nova-scheduler   | controller | internal | enabled | up    | 2021-09-23T02:31:44.000000   |
| 7  | nova-compute     | compute    | nova     | enabled | up    | 2021-09-23T02:31:41.000000   |
| 8  | nova-compute     | controller | nova     | enabled | up    | 2021-09-23T02:31:45.000000   |
+----+------------------+------------+----------+---------+-------+------------------------------+
```

查看当前可创建虚拟机的节点列表信息，命令代码如下：

```
[root@controller ~]# nova hypervisor-list
+--------------------------------------+---------------------+-------+---------+
| ID                                   | Hypervisor hostname | State | Status  |
+--------------------------------------+---------------------+-------+---------+
| ef9f763a-de7f-439a-9dff-dd78d1e04acf | compute             | up    | enabled |
| b24af872-1b93-4983-99d5-cf647f98a037 | controller          | up    | enabled |
+--------------------------------------+---------------------+-------+---------+
```

查询所创建的 cirros-cephrbd-instance2 虚拟机存储于 compute 节点上，命令代码如下：

```
[root@controller ~]# nova hypervisor-servers compute
  +------------------------------------+-------------------+------------
------------------------+--------------------+
  | ID                                 | Name              | Hypervisor ID
| Hypervisor Hostname |
  +------------------------------------+-------------------+------------
------------------------+--------------------+
  | 602a9723-3209-4e7f-9fc4-82fcd3539af4 | instance-0000000d | ef9f763a-de7f-
439a-9dff-dd78d1e04acf | compute           |
  | 6159b566-42b9-42fc-9e5a-6d6198c96bc2 | instance-0000000f | ef9f763a-de7f-
439a-9dff-dd78d1e04acf | compute           |
  +------------------------------------+-------------------+------------
------------------------+--------------------+
```

（6）对 rbd 启动的虚拟机进行热迁移

在 controller 节点使用命令将 cirros-cephrbd-instance2 虚拟机从 compute 节点迁移至 controller 节点，命令代码如下：

```
[root@controller ceph]# nova live-migration cirros-cephrbd-instance2 controller
```

在迁移过程中可通过 nova 命令查询状态信息，cirros-cephrbd-instance2 虚拟机状态显示为在迁移中，命令代码如下：

```
[root@controller ceph]# nova list
  +--------------------------------------+---------------------------+-
----------+------------+-------------+----------------------------+
  | ID                                   | Name                      | Status    |
Task State | Power State | Networks                   |
  +--------------------------------------+---------------------------+-
----------+------------+-------------+----------------------------+
  | 6159b566-42b9-42fc-9e5a-6d6198c96bc2 | cirros-cephrbd-instance2  |
MIGRATING | migrating | Running   | network-flat=192.168.200.102 |
  | 602a9723-3209-4e7f-9fc4-82fcd3539af4 | cirros-cephvolumes-instance1 |
ACTIVE    | -          | Running   | network-flat=192.168.200.110 |
  +--------------------------------------+---------------------------+-
----------+------------+-------------+----------------------------+
```

在控制节点使用命令查询 controller 节点和 compute 节点所存在的虚拟机信息，命令代码如下：

```
[root@controller ceph]# nova hypervisor-servers compute
  +------------------------------------+-------------------+------------
------------------------+--------------------+
  | ID                                 | Name              | Hypervisor ID
| Hypervisor Hostname |
  +------------------------------------+-------------------+------------
```

```
-----------------------------------+---------------------+
|    602a9723-3209-4e7f-9fc4-82fcd3539af4    |   instance-0000000d   |
ef9f763a-de7f-439a-9dff-dd78d1e04acf | compute         |
    +-----------------------------------------+-------------------+-------------
-----------------------------------+---------------------+
    [root@controller ceph]# nova hypervisor-servers controller
    +-----------------------------------------+-------------------+-------------
-----------------------------------+---------------------+
    | ID                              | Name              | Hypervisor ID
| Hypervisor Hostname |
    +-----------------------------------------+-------------------+-------------
-----------------------------------+---------------------+
    |    6159b566-42b9-42fc-9e5a-6d6198c96bc2    |   instance-0000000f   |
b24af872-1b93-4983-99d5-cf647f98a037 | controller      |
    +-----------------------------------------+-------------------+-------------
-----------------------------------+---------------------+
```

可以看出在 controller 节点上存在 cirros-cephrbd-instance2 虚拟机信息，说明虚拟机从 compute 节点迁移到了 controller 节点上。在热迁移过程中，虚拟机不中断服务，对于用户来说虚拟机并没有进行迁移。

## 归纳总结

通过本单元的学习，读者应该对 Ceph 存储技术有了一定的认识，也熟悉了 Ceph 的特点和架构，以及超融合的概念。通过实操练习，要求掌握 Ceph 集群的安装和使用，以及对接 OpenStack 平台的相关设置。

## 课后练习

### 一、判断题

1. 使用"openstack-service status"命令，可以查看 OpenStack 各组件的状态。（　　）

2. 在典型情况下，块服务 API 和调度器服务运行在控制节点上，取决于使用的驱动，卷服务器可以运行在控制节点、计算节点或单独的存储节点。（　　）

### 二、单项选择题

1. 以下 Ceph 命令，用于创建集群的是（　　）。

A. ceph-deploy new             B. ceph-create new

C. ceph-copy new               D. ceph mgr new

2. 软件定义的分布式存储层和虚拟化计算是超融合架构的最小集，一般都具有以下通用核心组件，其中叙述错误的是（　　）。

A. 基于 X86 服务器架构的分布式存储

B. 高速网络

C. 通过超融合架构融合了计算、存储和网络等资源，创建多个整体化的资源池

D. 统一管理平台

**三、多项选择题**

1. 关于 Ceph 的特点，叙述正确的是（　　）。

A. 高性能，摒弃了传统的集中式存储元数据寻址的方案，采用 CRUSH 算法，数据分布均衡，并行度高

B. 高可用性，副本数可以灵活控制

C. 高可扩展性，随着节点增加而线性增长

D. 特性丰富，支持三种存储接口：块存储、文件存储、对象存储

2. 块存储服务（Cinder）为实例提供块存储。存储的分配和消耗是由块存储驱动器，或者多后端配置的驱动器决定的。下面（　　）是可用的驱动程序。

A. NAS/SAN　　　　B. NFS　　　　　C. NTFS　　　　D. Ceph

## 技能训练

1. 在 OpenStack 平台控制节点，使用相关命令，查询 Ceph 版本信息。

2. 在 OpenStack 平台控制节点，使用相关命令，查询构建完 OSD 存储后容器的使用情况。

Heat 服务使用

Heat 服务运维

Ceilometer 服务使用

Ceilometer 服务运维

OpenStack 平台使用

应用系统部署

应用系统基础服务安装

应用系统部署